21 世纪高校计算机系列规划教材

# 计算机实用技术

## （第四版）

梁 越 高惠燕 朱旭萍 编著

中国铁道出版社有限公司
CHINA RAILWAY PUBLISHING HOUSE CO., LTD.

# 内 容 简 介

本书以解决日常工作、生活、学习中遇到的计算机多媒体技术常见问题为目的，介绍实用工具软件的使用，音频、图像、视频的采集与处理等知识与技术。

本书突出基础性、实用性、操作性，注重在解决具体实际问题的过程中培养学生的实际操作能力。第 1～5 章都配有小结和思考题，第 6 章含有前面各章配套的上机实验指导，以强化学习效果，提升实际应用能力。所选案例具有较强的针对性，通俗易懂、图示清晰、实用性强，既适合作为高等院校教材，也可供计算机爱好者自学时参考。

**图书在版编目（CIP）数据**

计算机实用技术/梁越，高惠燕，朱旭萍编著. —
4 版. —北京：中国铁道出版社，2019.2（2021.12重印）
21 世纪高校计算机系列规划教材
ISBN 978-7-113-25467-4

Ⅰ.①计… Ⅱ.①梁… ②高… ③朱… Ⅲ.①电子计算机-高等学校-教材 Ⅳ.①TP3

中国版本图书馆 CIP 数据核字（2019）第 015990 号

书　　名：计算机实用技术
作　　者：梁　越　高惠燕　朱旭萍

策　　划：侯　伟　　　　　　　　　　编辑部电话：（010）63560043
责任编辑：何红艳
封面设计：刘　颖
责任校对：张玉华
责任印制：樊启鹏

出版发行：中国铁道出版社有限公司（100054，北京市西城区右安门西街 8 号）
网　　址：http://www.tdpress.com/51eds/
印　　刷：三河市航远印刷有限公司
版　　次：2006 年 8 月第 1 版　　2019 年 2 月第 4 版　　2021 年 12 月第 5 次印刷
开　　本：787 mm×1092 mm　　1/16　印张：16.75　字数：409 千
印　　数：6 701～8 300 册
书　　号：ISBN 978-7-113-25467-4
定　　价：45.00 元

# 第四版前言

　　《计算机实用技术》（第四版）基于高校普遍使用的 Windows 7 操作系统及实用软件编写，对于使用 Windows 10 操作系统的用户也同样适用。本书对常用软件做了详尽介绍，熟练掌握这些软件的使用方法是当代大学生所必需的计算机综合应用能力，也是社会各岗位工作人员实际工作中迫切需要的。

　　本教材根据读者、教师使用反馈意见，结合编者多年的教学与实践经验，对前一版教材内容做了许多更新与调整，从实用角度出发将本书分为 6 章内容。第 1 章介绍了两款实用制图软件的使用；第 2 章介绍了音频的采集与处理方法；第 3 章介绍了图像的采集与处理；第 4 章介绍了视频的采集与处理；第 5 章介绍了多媒体作品设计与制作；第 6 章是前面各章配套的相关实验指导，每一个实验都给出了明确的目标及操作指导。附录部分保留了上一版视频制作软件（电影魔方），对当下流行的格式工厂做了比较详细的介绍，还对 Windows 10 操作系统下不能正常支持 Adobe Audition 3.0 的解决方法做了说明，供读者查阅。

　　教材的写作风格和谐一致，同时也使授课内容与上机实验有着良好的互补性与易用性。本教材完全从实用角度出发，以掌握日常学习、工作、生活所需要的基本技能为宗旨设计教材内容，尽量涵盖相关优秀软件的使用，以期使读者学完本教材后具备独立解决相关问题的能力。教材图文并茂，能使读者很快"上手"，也为读者自学其他应用软件的使用奠定了良好基础。作者长期从事计算机基础教学、多媒体作品制作等工作，因此，制定的教材内容有着很强的教学针对性，其内容及方法既适合教也适合学。

　　另外，前一版作者张亮老师对本次修订给予大力支持，从大局出发对全书内容的取舍提出了许多合理建议。张文祥教授力促本次教材的修订，从利于"计算机实用技术"课程的长远发展考虑重组了编写人员进行教材的更新与修订。本书由梁越、高惠燕、朱旭萍编著。其中，第 1 章及第 6 章中与之相关的上机实验指导由朱旭萍老师编写；第 2、3、5 章及第 6 章中与之相关的上机实验指导由梁越老师编写；第 4 章及第 6 章中与之相关的上机实验指导由高惠燕老师编写。在肯定了前几版编写风格的前提下，进一步强调"以用为主""通俗易懂""任务驱动"的写作风格。

　　由于编者能力所限，书中肯定会有一些不妥之处，敬请读者在原谅我们的同时予以指正，不胜感激。

编　者

2018 年 12 月

# 第一版前言

随着计算机技术的普及与推广，计算机已成为人们学习、工作和生活的必备工具，了解并掌握计算机知识和使用计算机实用工具软件已成为人们的迫切需要。

本书从实用的角度出发，结合编者多年的教学与实践经验，介绍了多媒体计算机系统的组成、组装、计算机系统维护、常用工具软件、计算机网络知识、组建局域网技术、网页设计技术、数据库技术基础及 Access 数据库的使用等内容。本书由张文祥教授编写提纲，并对全部内容做了多次审改；由张亮副教授组织编写。全书共分 4 篇。第一篇：多媒体计算机的硬件组成与维护，包括 3 章，第 1 章详细介绍了计算机的硬件组成，第 2 章介绍了计算机的选购和组装，第 3 章介绍了计算机系统的常见软/硬件故障分析及一般维护方法，该部分内容由张凯、章伟聪等共同编写完成。第二篇：实用工具软件，包括 5 章，第 4 章介绍了网络资料的搜索和传送，第 5 章介绍了方便易用的压缩软件 WinRAR，第 6 章介绍了常用杀毒工具及防火墙，第 7、8 章介绍了音频、图像的采集及处理，该部分内容由张亮、章伟聪、梁越等共同编写完成。第三篇：网络技术基础及应用，包括 2 章，第 9 章介绍了计算机网络基础，第 10 章介绍了网页设计与制作及网站建设，该部分内容由肖四友、杨立春等共同编写完成。第四篇：数据库技术基础，包括两章，第 11 章介绍了数据库基础知识，第 12 章介绍了 Access 数据库的使用，该部分内容由刘翠娟编写完成。

本书内容安排合理、图文并茂，在书中采用了大量图例，读者可根据图文提示逐步操作，快速掌握讲述的内容。

为方便读者学习和实践，还提供了与本书配套的教材《计算机实用技术上机指导》。

本书适合高校学生使用，也可作为计算机爱好者的自学参考资料。

由于编者水平有限，加之编写时间仓促，书中难免存在疏漏和不妥之处，恳请广大读者提出宝贵意见。

编　者
2006 年 7 月

# 目 录

# 第1章

## 两款实用的制图软件

一直以来我们都习惯用 Word、Excel 或 PPT 处理学习和工作中的有用信息，Microsoft 办公软件的强大毋庸置疑。但时代在发展，科技在进步，我们应该去尝试学习一些新东西，本章主要介绍两款简单但非常实用的工具软件：思维导图及 MindManager 软件，Microsoft Visio 制图软件。

## 1.1 思维导图及 MindManager 软件使用

相信大家对近几年风靡全球的思维导图都不陌生，思维导图已经在中小学教学和很多领域引进和扩散，因为大家都觉得这种全新的思维方式和应用方式能给自己带来很多意想不到的好处。

那么我们为什么要提倡学习思维导图呢？简单点说，因为思维导图不仅仅是一种更有趣更高效的图式笔记，还可以帮助我们优化思维，让我们的思考更加有条理。思维导图的方式是非线性的，什么是非线性呢？就是不是一排一排的，而是立体的、颜色丰富、图文并茂、关键词简短、活泼有趣的一种组织方式。

### 1.1.1 引入思维导图

大家不妨思考一下，我们现在怎么买火车票呢？我估计大部分人都是在手机上用支付宝购买吧？没多久之前，我们可能都是在计算机上用 12306 来买，当时马云助力 12306，出来复杂的图像验证，大家还恶搞了一番；再远一点，可能就是到火车站排队买票了吧？你现在还愿意去火车站排队买火车票吗？思维导图就是思考领域里的支付宝和 12306，能够让我们快速拿到思维的火车票。

大家有没有发现，生活中我们用现金的地方越来越少了？前两天我出差去了外地，待了两天，打的、坐车、买东西，没有用过一次现金支付，都是支付宝或者微信支付。现在常常需要想一想，钱包放什么地方了，因为用现金的机会真的越来越少了。有一次去加油站加油，身上一分现金也没有，不巧那个加油站只收现金，怎么办呢？最后还是别人帮忙付现金，我支付宝转给对方。思维导图是什么？思维导图就是思考领域里的支付宝或者微信支付。

来看看名人是如何评价思维导图的：

托尼·博赞（Tony Buzan）对头脑的贡献就像斯蒂芬·霍金对宇宙的贡献一样大。——《时代》周刊

使用思维导图是美国波音公司的质量提高项目的有效组成部分之一。它帮助波音公司节省了一千万美元。美国波音公司在设计波音 747 飞机的时候就使用了思维导图。据波音公司的人讲，

如果使用普通的方法，设计波音 747 这样一个大型的项目要花费 6 年的时间。但是，通过使用思维导图，他们的工程师只使用了 6 个月的时间就完成了波音 747 的设计，节省了一千万美元。思维导图的威力惊人吧？！——Mike Stanley，波音公司，美国

我们的课程建立在思维导图的基础上。这帮助我们获得了有史以来最高的毕业分数。思维导图教学必然是未来的教学工具。——Jean Luc Kastner，高级经理，惠普医疗产品，德国

"作为一个头脑风暴的工具，思维导图让我们感觉到想象力一下子打开了，新点子层出不穷，真是思如泉涌，这种感觉以前从来没有过，真是太棒了。"——Sean Adams，总裁，Alpha Learning，荷兰

"思维导图可以让复杂的问题变得非常简单，简单到可以在一张纸上画出来，让您一下看到问题的全部。它的另一个巨大优势是随着问题的发展，您可以几乎不费吹灰之力地在原有的基础上对问题加以延伸。"——Dr Tony Turrill，管理学作家，英国

笔者也经常将思维导图应用于自己的教学中，对一门课程的规划同样也可以利用思维导图来理清思路，不仅可以有效地管理自己的思维和表达自己最想表达的东西，也可以使学生能对所学的知识一目了然。例如，"计算机应用基础"课程的内容就可以表达成图 1-1 所示。

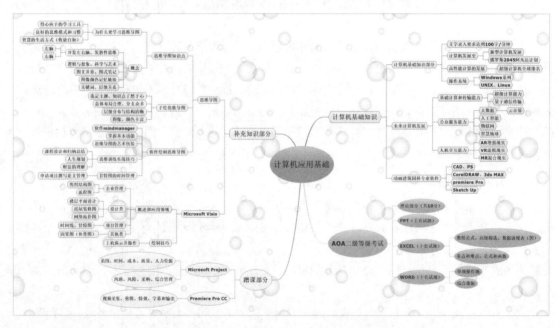

图 1-1

3 min 头脑风暴案例 1：分成两组写水果名称，比赛看谁写得多。

A 组使用传统的线性方式写；B 组给出一个简单的 mm 作为思维引导。测试一下思维导图方法功效如何？

3 min 头脑风暴案例 2：分成两组写动物名称，比赛看谁写得多。

A 组给出一个简单的 mm 作为思维引导；B 组使用传统的线性方式写。交换测试一下思维导图方法功效如何？思维引导形式见图 1-2。

对于学生而言：如果你觉得自己不爱学习，学习能力不足，感觉到学科内容太繁杂，很难总结归纳，有效形成系统知识？如果你觉得自己是个做事没有条理的人，没有清晰的目标和可实现

的分目标？那么你一定要学学近几年风靡全球的思维导图学习法。思维导图一种非常形象的表示如图 1-3 所示。

图 1-2

图 1-3

## 1.1.2 思维导图概念

思维导图学习法把看似分散的知识点连成线、结成网，使知识系统化、规律化、结构化；知识系统化的力量是很强大的，根据一定的结构组织起来的力量绝对不是个体力量的简单叠加，而是呈几何级数增长。就好比捡葡萄，你一粒一粒捡，两只手恐怕最多拿十几粒，但要是葡萄是成串的，你拿到的葡萄可能多几十倍。思维导图就是帮你找到正确的路径，走出最短的距离，让学生学习起来更轻松，工作起来更高效的一种行之有效的方法。

思维导图是表达发散性思维的有效的图形思维工具，它简单却又很有效，是一种革命性的思维工具。思维导图运用图文并重的技巧，把各级主题的关系用相互隶属与相关的层级图表现出来，把主题关键词与图像、颜色等建立记忆链接。思维导图充分运用左右脑的机能，利用记忆、阅读、思维的规律，协助人们在科学与艺术、逻辑与想象之间平衡发展，从而开启人类大脑的无限潜能。思维导图因此具有人类思维的强大功能。

思维导图是一种将思维形象化的方法。我们知道放射性思考是人类大脑的自然思考方式，每一种进入大脑的资料，不论是感觉、记忆或是想法——包括文字、数字、符码、香气、食物、线条、颜色、意象、节奏、音符等，都可以成为一个思考中心，并由此中心向外发散出成千上万的关节点，每一个关节点代表与中心主题的一个连接，而每一个连接又可以成为另一个中心主题，再向外发散出成千上万的关节点，呈现出放射性立体结构，而这些关节的连接可以视为你的记忆，就如同大脑中的神经元一样互相连接，也就是你的个人数据库。

思维导图又称脑图、心智地图、脑力激荡图、灵感触发图、概念地图、树状图或思维地图，是一种图像式思维的工具以及一种利用图像式思考辅助工具。思维导图是使用一个中央关键词或想法引起形象化的构造和分类的想法；它用一个中央关键词或想法以辐射线形连接所有的代表字词、想法、任务或其他关联项目的图解方式。

思维导图的一些优势（针对学习）：

把书读薄：解决学生看很多书，做很多卷子，参加无数培训班，直至力不从心、不堪重负，到最后发现成绩依然没有起色的问题。

重点把握：解决学习效率低，复习方向模糊，抓不住重点和关键，只知其一，不懂得融汇贯通的问题。

记忆更多：有效解决学生记了忘，忘了记，反反复复，被繁重的学习任务压得喘不过气来的问题。

方法独特：解决学生思维反应慢、解题没方法，不知从何下手，做题没技巧，只知道死记硬算，费尽心思也拿不到高分的问题。

解题更准：解决学生思维混乱，找不到问题的关键。只要顺着核心问题的分支，向上或向下追溯，才能有清晰的解题思路，获得更快捷的解题方法。

### 1.1.3 思维导图培养创新思维

思维导图带给我们影响最深的还是思维方式的改变，而思维方式的改变导致我们的行为习惯发生变化，才会尝试去做不同的事情，完成不同的体验，进而开始改变自己既有的生活和工作习惯及方式。而这些行为方式和习惯上的改变，使得我们的人生一点点变得与众不同，命运也逐渐开始变得不一样，所有的一切都开始向着自己的梦想和目标靠拢，这就是吸引力法则的运用。

思维导图对我们的人生，究竟会带来哪些方向的影响呢？思维导图仅仅是一个帮助我们进行思考的工具吗？当然不是，随着思维导图应用的提升和深入，我们还会逐渐地培养自己以下七大核心能力，这些能力都会在你不断地使用思维导图作为学习工具的潜移默化的过程中逐渐形成。

#### 1. 全局化思考能力

每一张完成的导图最终都会带给我们对某件事情完整的思考，通过最终的导图提升我们对事情整体把握和感知的能力，从而协助我们做出正确合理的分析判断。因为绘制思维导图的过程，就如同我们对已有事物在做抽丝剥茧的思考，思维导图让我们跳出事情看事情，透过表象到看清问题本质所在。

#### 2. 结构化思考能力

在做每一张思维导图时，我们都需要在定好中心主题后，确定思维导图的主要分支，一方面它会迫使我们在思考时首先抓住事物的主干，理清事情的脉络关系。另一方面因为思维导图的应用，迫使我们总是要从主干开始，从事物的中心开始思考，也养成我们层级化思考的思维习惯。

#### 3. 捕捉关键信息的能力

思维导图的一个重要的规则就是要求每一个分支上面只保留一个关键词。而这一个关键词往往是那些能够激发我们更多联想的词语，这些词语如同闪光的宝石、珍珠，思维导图用连线把它们穿了起来，它们可以协助我们勾画出事物的整体面貌，帮助我们还原事物的真相，而其他的词语仅仅是起到修饰和补充的作用。要寻找出这些关键词，就要求我们拥有在复杂的事物中找出关键线索和蛛丝马迹的能力。因为思维导图可以培养我们捕捉关键信息的能力，无论是在阅读一份资料，还是参加会议研讨，等等。

**4．整体布局规划能力**

评价一张思维导图是否表达清晰，除了里面文字关键词语的应用，同时思维导图整体的布局，即各个分支的分布是否合理，也是评价的一个重要而关键的因素。因为这涉及一个人整体的布局规划能力如何，合理的布局不但可以均衡思维导图各个分支之间的关系，同时它也可以反映出做图者对于所阐述事情的观点、看法，思考是否周详，能否平衡自己。因为导图是一个人内心世界的真实反映和写照。

**5．缜密的逻辑思维能力**

将相同类别的事物放在同一个分支里，这就需要足够的总结归纳能力，不同的事物之间的逻辑在导图中通过箭头、连线、甚至是符号等合理地表达出来。这些都需要缜密的逻辑思维能力，特别是对于某些特别重要复杂的事情，例如项目管理策划，复杂的会议管理等。

**6．敏锐的感知觉察能力**

因为软件的原因，线条样式单一，图片大都是分支，甚至某些人整张思维导图使用的都是黑色，把某些重要的信息都掩盖了起来。一张手绘思维导图，它不单单反映的是一个人的知识结构，对一件事物综合的思考、分析和判断，同时反映了一个人的思维模式和思考方式，也是一个人内心的真实写照。特别是通过手绘思维导图这一点更是表现得淋漓尽致。

**7．快速的学习复制能力**

用思维导图学习新的技术、技能和知识，是最快速、最有效、最符合我们的大脑信息处理和存储的方式。利用思维导图辅助学习，第一，可以培养我们对事物的整体把握能力，让我们关注到事物之间的先后顺序及逻辑关系；第二，让我们在把握大局的同时，也可以关注到细节（即次级分支），理清事物主干之间的由远及近的清晰脉络；第三，一张思维导图不但是关于事物的全面知识结果，同时可以作为学习计划安排和复习来用。

## 1.1.4　思维导图的发展

东尼•博赞（Tony Buzan），他因创建了"思维导图"而以大脑先生闻名于世，成为了英国头脑基金会的总裁，身兼国际思维奥运教练与运动员的顾问，也担任英国奥运划船队及国际象棋队的顾问；又被遴选为国际心理学家委员会的会员，是"心智文化概念"的创作人，也是"世界记忆冠军协会"的创办人，发起心智奥运组织，致力于帮助有学习障碍者，同时也拥有全世界最高创造力 IQ 的头衔。截至 1993 年，东尼•博赞出版了二十本书，包括十九本关于头脑、创意和学习的专著，以及一本诗集。

中国思维导图普及工程发展历程，2017 年 4 月 13 日上午由大脑派主办，英国思维导图官方注册导师（全球）培训总部 Open Genius、国际记忆科学院（美国）等多家教育平台与机构协办的中国思维导图普及工程新闻发布会在北京召开。中国思维导图普及工程发起人姬广亮先生现场提出，该普及工程旨在让思维导图走进校园及千家万户，让更多中国青少年了解和掌握思维导图，实现"快乐学习，健康成长"。

思维导图发明人托尼·博赞先生更是通过独家视频宣布 2017 年世界思维导图锦标赛在中国举办，8 月 19 日世界思维导图日这一天，和全球思维导图爱好者共同分享绘制思维导图的乐趣。

世界思维导图锦标赛盛况，2016 年 12 月 12 日，在新加坡举办的 2016 年世界思维导图锦标赛比赛中，中国女性思维导图英国官方注册导师刘艳获得冠军，并且获得大赛有史以来最好成绩，被思维导图发明人托尼·博赞先生盛赞。刘艳老师经过激烈角逐，披荆斩棘，从众多竞争者中杀出重围，勇夺 2016 年新加坡世界思维导图锦标赛冠军！同时，刘艳老师打破了世界思维导图大赛举办以来三项比赛的所有成绩纪录。

2017 年第 9 届世界思维导图锦标赛首次登陆中国，世界思维导图锦标赛总决赛在我国举办，城市赛和全国总决赛也于 10 月和 11 月陆续举行。大脑英才国际教育将为世界思维导图锦标赛选手提供专业培训，由世界思维导图锦标赛教练亲自执教，学员们接受了最专业、最完善的培训。图 1–4 所示为大脑英才培训机构授牌，世界思维导图之父托尼·博赞、王尚乔校长与大脑英才选手吴怡静的合影。

图 1–4

### 1.1.5 手绘思维导图

如果你的绘画功底还不错，建议可以手绘思维导图，绘制的步骤和技巧要求如下：

**1. 手绘思维导图步骤**

首先准备好笔纸（建议用大一点的 A4 纸，小卡片什么的最好不用，那样容易不够写，也不要哪里随便撕一张纸什么的，那样好像不太美。）在纸上的中心写出"核心主题"，画个圈，方的也行，也可用彩笔画，画个图案什么的，怎么画都可以，只要达到效果就好。

然后从"核心主题"延伸出几个主要的"分类主题"。再从"分类主题"中延伸出"细分类"，可以用不同的颜色，插画，图案等，也可以不用，自己感觉怎样好就怎么画。

最后做好各个"细分类"后一边思考理解，一边检查有没有缺失的。不过，只要是"重点"和"难点"就好，无关紧要的不要写得太多太杂，要补充的一点点就好，而且最好都要用关键词概括，不要用一大段或一大句的话做分类。这样就不符合做思维导图的初衷，还浪费时间。

如果几个主题之间又有联系就用线和箭头链接起来，可以颜色不一样，也可以用虚线，自己决定。还有什么补充直接就补充在空白处，这就是为什么要选大纸的原因，预防不够写，一张简单的思维导图大概就是这样完成的。

如果你觉得样式图案太单调也可以加点不一样的颜色，易于理解和记忆的图案、插画、图表等。还有的思维导图是树形的，神经脉络型的或者其他型的，纯属个人喜好。其实做什么都得实用快速，这样省时省力效果好。有的思维导图做得很漂亮，很密集，但不一定实用。有时简单就是最有效的。

### 2．技巧和要求

先把纸张横过来放，这样宽度比较大一些。在纸的中心，画出能够代表你心目中的主体形象的中心图像，再用水彩笔任意发挥你的思路。

绘画时，应先从图形中心开始，画一些向四周放射出来的粗线条。每一条线都使用不同的颜色这些分支代表关于你的主体的主要思想。在绘制思维导图时，可以添加无数根线。在每一个分支上，用大号的字清楚地标上关键词，这样，当想到这个概念时，这些关键词立刻就会从大脑里跳出来。

要善于运用想象力，改进思维导图。例如，可以利用我们的想象，使用大脑思维的要素——图画和图形来改进这幅思维导图。"一幅图画顶一千个词汇"，它能够让你节省大量时间和精力，从记录数千词汇的笔记中解放出来。同时，它更容易记忆。要记住：大脑的语言构件便是图像。

在每一个关键词旁边，画一个能够代表它、解释它的图形，使用彩色水笔以及一点儿想象力。记住：绘制思维导图并不是一个绘画能力测验过程。

用联想来扩展这幅思维导图。对于每一个正常人来讲，每一个关键词都会让他想到更多的词。例如，假如你写下了"橘子"这个词，你就会想到颜色、果汁、维生素 C 等。根据你联想到的事物，从每一个关键词上发散出更多的连线。连线的数量取决于你所想到的东西的数量，当然，这可能有无数个。

图 1-5、图 1-6 所示为某些大咖手绘的思维导图，观察一下，思考思维导图的优劣如何界定？

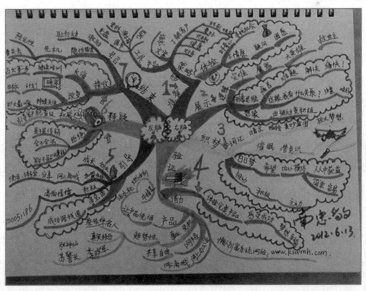

图 1-5

图 1-6

**3．手绘思维导图优劣的判断**

（1）一看结构

劣图："偏瘫式"结构（只向一个方向展开，思路狭窄）；层级关系混乱或层级过少，有头无尾。

好图："发散式"结构（360°放射性展开，思路开阔）；层级关系清晰，结构完整。

（2）二看色彩

劣图：色彩单一，不能激发大脑皮层兴奋度，长时间阅读易产生厌倦感；对比不鲜明，助记功能差。

好图：色彩丰富，能有效激发大脑皮层兴奋度，不易厌倦；对比鲜明，助记功能强。

（3）三看关键词语

劣图：未提炼关键词，直接写句子或者关键词提炼不准确（没抓住重点）。

好图：关键词提炼精准，直击要点、难点、易错点。

（4）四看灵魂

劣图：没有融入思维训练功能，缺乏思维线索，分类不清、层次混乱、连贯性差、思路狭窄。

好图：很好地融入思维训练功能，条理清晰、层次分明、思维连贯，思路开阔。

### 1.1.6　绘制思维导图的软件

目前绘制思维导图的软件非常多，根据网络投票选出的最好用的排名前5位的思维导图软件，分别是 Mindjet MindManager (Windows/Mac/iOS)、XMind (Windows/ Mac/Linux)、Coggle (Webapp)、Freemind (Windows/Mac/Linux)和 MindNode (Mac/iOS)。图 1-7 和图 1-8 所示为某些团队利用思维导图软件绘制的一些比较成熟的知识点思维导图。

该小节主要介绍 Mindjet MindManager 软件的基本使用。MindManager 由美国 Mindjet 公司开发，界面可视化，有着直观、友好的用户界面和丰富的功能，可使使用者有序地组织思维、资源和项目进程，同时它是高效的项目管理软件，可从思维导图的核心分支派生出各种关联的想法和信息。

　　MindManager 与同类思维导图软件相比，最大的优势是软件同 Microsoft 软件无缝集成，快速将数据导入或导出到 Microsoft Word、PowerPoint、Excel、Outlook、Project 和 Visio 中，使之在职场中有极高的使用人群，也越来越多受到职场人士青睐。

　　MindManager 是一个创造、管理和交流思想的通用标准，其可视化的绘图软件有着直观、友好的用户界面和丰富的功能，这将帮助我们有序地组织自己的思维、资源和项目进程。MindManager 也是一个易于使用的项目管理软件，能很好地提高项目组的工作效率和小组成员之间的协作性。它作为一个组织资源和管理项目的方法，可从脑图的核心分支派生出各种关联的想法和信息。

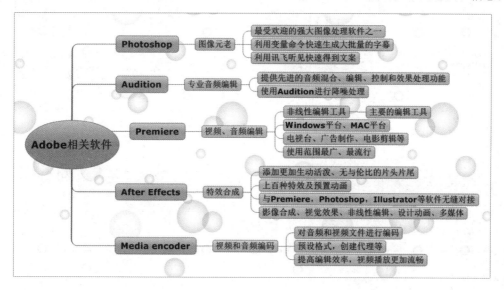

图 1-7

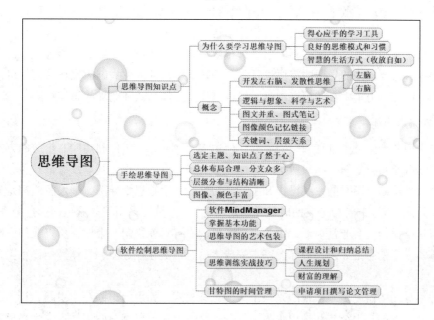

图 1-8

**1．思维导图软件 MindManager 安装技巧**

MindManager 正版软件售价大概在 1 000 元人民币左右，试用版安装之后的试用期为一个月，安装的步骤比较简单，一直按照提示下去一气呵成安装即可。

**2．启动界面**

安装过程中一般默认会在桌面上放置一个快捷方式，默认的快捷方式名为 Mindjet MindManager 15，双击该快捷方式会启动 MindManager 软件，打开的界面如图 1-9 所示。

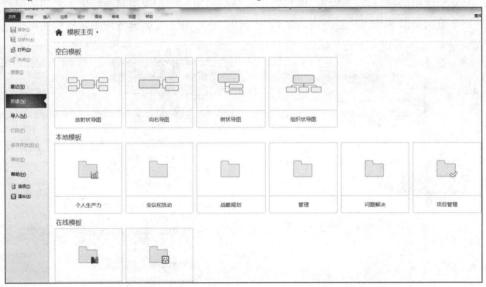

图 1-9

新建导图文件时，可以选择空白模板的几种导图形状：放射状导图（中心节点往四周扩散）、向右导图（往右单方向扩散）、树状导图（树根树枝形状）和组织状导图（类似组织结构图）；也可以选择本地模板，模板是指一些已经有相应结构和发散内容的导图，如简历模板打开之后已经有图 1-10 所示基本内容，只要把相关信息进行删减和填充即可。一般我们会选择空白模板的一种格式，根据自己要创建的导图的需要进行随意的扩散，软件的方式因为操作简便，可以使得我们能将大部分的注意力集中在知识点本身，可以制作出更加高效和完美的思维导图。

**3．基本编辑功能**

根据对中国共产党诞生过程的一些研究，使用 MindManager 软件利用向右扩散的方式提取关键信息制作思维导图，如图 1-11 所示。该图除了对知识点的整理，基本没有涉及美化该导图的功能，其实软件绘制导图时的一些操作和手绘是相反的，手绘思维导图，一般我们都是先确定分支的关键知识点，在绘制各个分支的时候先确定颜色，一个分支采用一种颜色的彩色笔进行绘制；而软件如果这样操作就会非常烦琐，因为一次颜色的设置只能绘制一个框，所以我们一般是采用先绘制出基本成型的思维导图，等导图基本完成之后，再美化该导图，具体操作详见美化思维导图部分。

其实思维导图的绘制更多体现的是一个人的思维模式，如果给出同一个主题，让不同的人去绘制，由于每个人的知识结构和见识水平不一样，绘制出来的思维导图当然也会大相径庭，所以绘制思维导图就会是一个非常有意思的事情，因为不会千篇一律。导图的绘制其实是一个技术融合艺术的过程，如果光有技术没有艺术感的人，做出来的导图就会是比较呆板无趣不够生动的；而只有艺术不靠技术，艺术本身就不能很好地体现出来，所以说思维导图的绘制是技术和艺术的一个很好的融合。

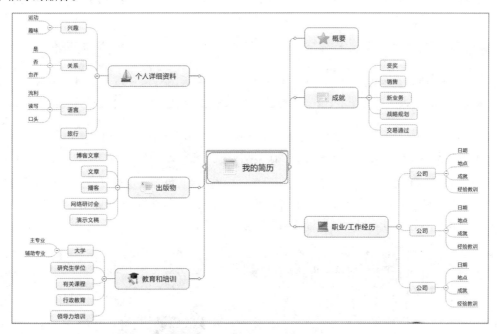

图 1-10

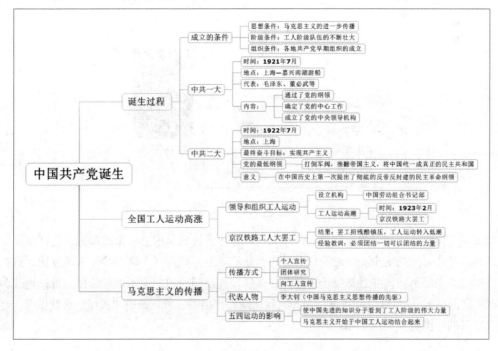

图 1-11

### 4．美化思维导图

我们可以利用"设计"菜单下的某些选项的设置对思维导图进行美化。单击"设计"菜单，弹出设计部分的工具栏，如图 1-12 所示，主要包括对导图整体的导图模板、导图样式、导图背景等的设置；对导图里面的各个元素进行对齐、主题样式、主题形状、填充颜色、线条颜色、线条和增长方向等的设置；还包括对导图框里的文字进行字体、文字的颜色、文字的效果等的设置。

图 1-12

单击"导图样式"工具会打开图 1-13 所示的选项，主要包括导图的一些常见样式：默认、主题-图形、主题-星空、主题-气泡、向右-冷色、向右-深蓝色等；也可以自己从更多的模板中去选择或者从文件制定模板。假设选定了向右-深蓝色模板，则导图将显示成图 1-14 所示。如果觉得这样的模板不好，也可以自己设置导图背景变得更有特色。

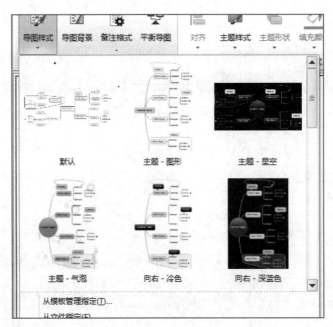

图 1-13

如果觉得向右的方式显得比较偏瘫，那么可以将导图改成从中心发散类型的，这样显得比较均衡，具体操作：先选定中心主题——中国共产党的诞生，单击"主题形状"工具按钮，选择最下面一项更改主题格式，并且选择子主题布局选项，弹出图 1-15 所示的对话框，可以更改为导图模式（发散型），也可以对线条进行选择，默认是折弯型的，可以修改成弧线、曲线图等，经上述修改之后的导图将变成图 1-16 所示。

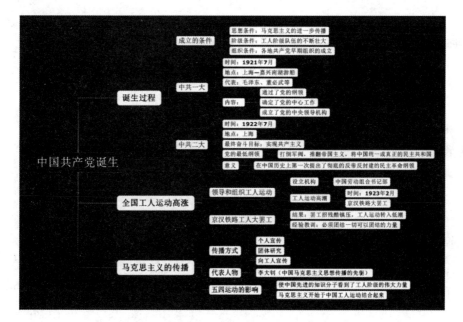

图 1-14

图 1-15

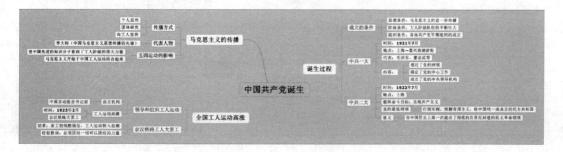

图 1-16

接下来对导图进行字体的大小、主题样式、填充颜色、线条颜色等的设置，导图变成图 1-17 所示。通过对思维导图以上程序的美化，大家觉得是不是变得好看多了呢！

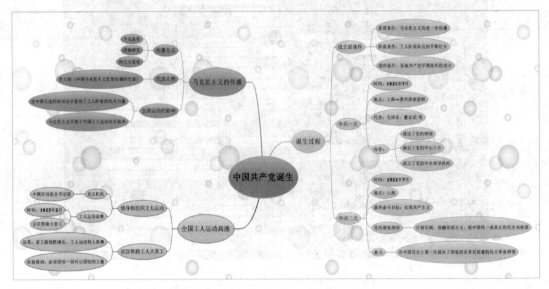

图 1-17

根据以上的制作方法和步骤，针对某些知识点和自己的一些人生阅历，整理的思维导图如图 1-18，图 1-19 所示。大家也可以根据自己对自己的人生规划和财富的理解制作有自己理解和认知的一些思维导图。

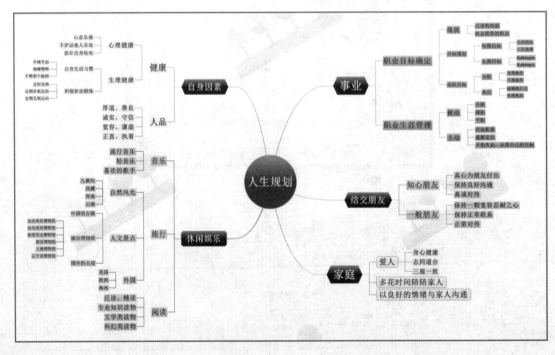

图 1-18

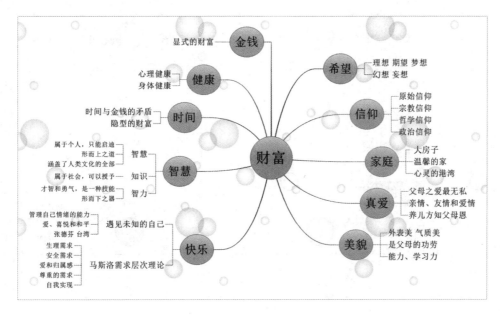

图 1-19

### 5. 思维导图的时间管理

我们可以利用思维导图的时间管理功能对图 1-20 所示的申请项目撰写论文的进展进行甘特图的时间分配和管理；甘特图的时间管理功能对大家平时针对某项任务做计划、规划是十分有用的。具体操作如下：

先按照向右导图的扩展方式绘制导图，如图 1-20 所示。

为了便于区分设置的是哪一部分内容的时间安排，我们设置各分支所在框的填充颜色为自己喜好的颜色；打开视图菜单下的甘特图，选择显示甘特图，选择居右显示，如果思维导图是组织状导图，则甘特图可以底部显示，这样更符合一般人的逻辑；两种不同显示的方式如图 1-21、图 1-22 所示。

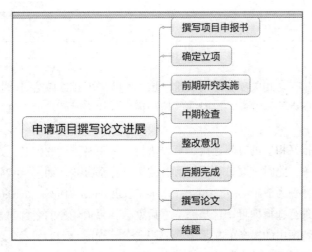

图 1-20

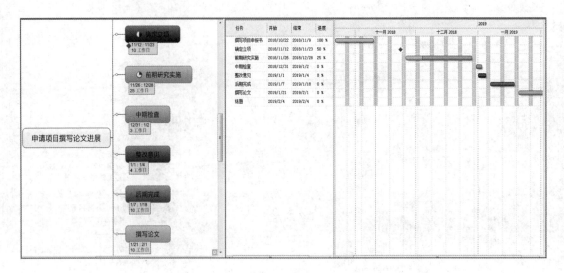

图 1-21

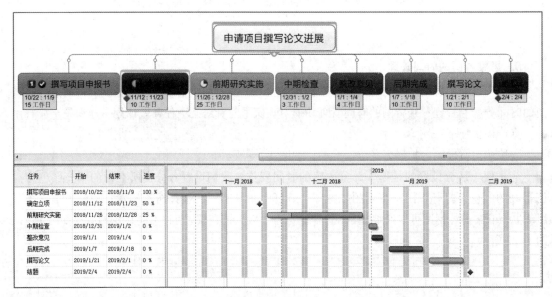

图 1-22

　　然后我们可以直接拖动相关项至时间安排区域，在任务安排区域会自动显示任务、开始、结束和进度等信息，接下来要做的就是对时间区域的横条（代表时间长度）进行相应的调整，制作过程如图 1-23 所示。

　　所有的项目都安排好相应的时间之后，可以进行对该项目进度的控制，选定一项具体的任务项，单击"任务"菜单，此时该菜单项下面所有的工具栏都有效，如图 1-24 所示，选择进度选项，出现五个选项，分别为 Not done、Quarter done、Half done、Three quarters done、Task done。根据任务的实际情况进行选择即可，选择完毕之后就会在每项任务的名称前显示相应的图标，而且已经完成的项目甘特图中的横条的显示会变成浅蓝色，如图 1-22 所示。还可以设置里程碑和优先级等，如有需要根据任务的实际情况进行设定即可。

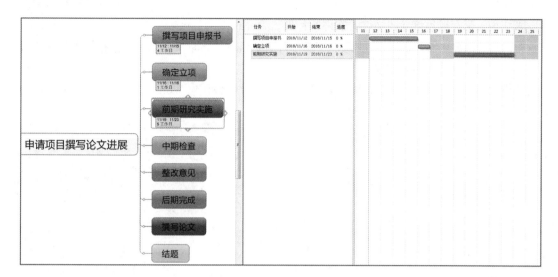

图 1-23

图 1-24

## 6．思维导图进行超级链接

有些场合，我们可能利用关键字无法全面准确地描述一些比较烦琐的信息，那么可以用超链接来链接诸如网页、视频等信息，这样就会使得思维导图的信息量变得非常大，跟网页的超链接一样，选定相应的文字后做超级链接，使用非常简单，打开"开始"菜单，选择"超链接"选项，编辑超链接把相应的网址或者文件链接上去即可，设置完链接之后会在该条文字的后面出现一个显示相应格式超链接的图标。针对未来计算机发展的领域做了一个超级链接版式的思维导图，如图 1-25 所示。

## 7．思维导图文件的保存

完成后的思维导图的保存方式一般有两种：

第一种，保存成思维导图文件，文件的扩展名为.mmap。

第二种，保存成图片格式，可以保存成.bmp、.gif、.jpeg、.png 等；如果要保存的图片更清晰，可以在保存的时候选择高分辨率模式进行保存。

思维导图和 Microsoft Office 软件无缝对接，还可以导出保存成 Word、Excel、PowerPoint、Visio、Project 等格式的文件，如果有需要大家可以自己尝试一下。

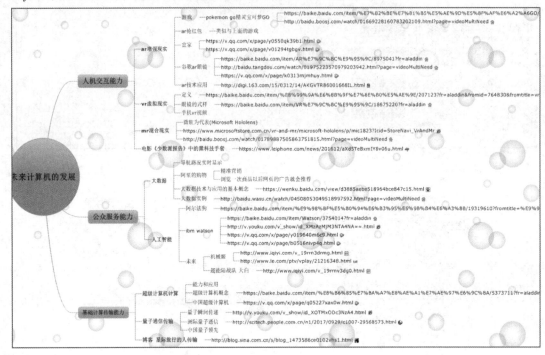

图 1-25

## 1.2 Microsoft Visio 2010 的使用

### 1.2.1 Microsoft Visio 概述和应用领域

Microsoft Office Visio 是一款专业的办公绘图软件，具有简单与便捷等特性。它能够帮助我们将自己的思想、设计与最终产品演变成形象化的图像进行传播，同时还可以帮助我们制作出富含信息和吸引力的图标、绘图及模型，让文档变得更加简洁、易于阅读与理解。

Microsoft Office Visio 已成为目前市场中最优秀的绘图软件之一，因其强大的功能与简单操作的特性而受到广大用户的青睐，已被广泛应用于如下众多领域：

① 项目管理（时间线、甘特图）。

② 企业管理（组织结构图、流程图、企业模型）。

③ 建筑（楼层平面设计、房屋装修图）。

④ 电子（电子产品的结构模型）。

⑤ 机械（制作精确的机械图）。

⑥ 通信（有关通信方面的图表）。

⑦ 科研（制作科研活动审核、检查或业绩考核的流程图）。

## 1.2.2　Microsoft Visio 的基本使用

Microsoft Visio 的界面如图 1–26、图 1–27 所示。

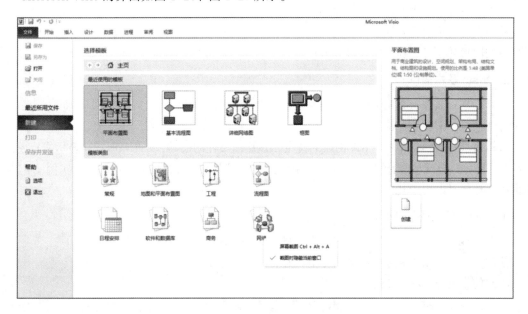

图 1–26

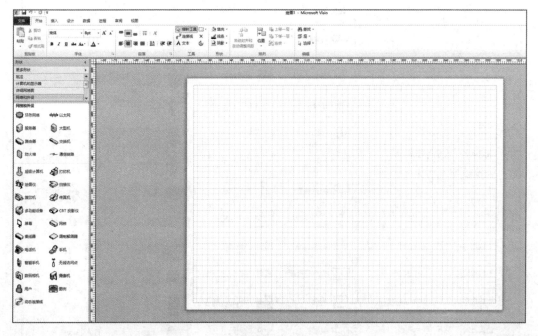

图 1–27

### 1．Visio 基本概念

模具：指与模板相关联的图件（或称形状）的集合，利用模具可以迅速生成相应的图形，模具中包含了图件。

图件：指可以用来反复创建绘图的图。

模板：是一组模具和绘图页的设置信息，是针对某种特定的绘图任务或样板而组织起来的一系列主控图形的集合，利用模板可以方便地生成用户所需要的图形。

### 2．Visio 基本操作

打开模板：文件→新建→选择绘图类型。

打开模具：文件→形状。

文档模具：开始绘图时，Visio 创建的特定于该绘图文件的模具，文件→形状→显示文档模具。（说明：可以通过修改文档模具上的主控形状，修改绘图文件中所有页上形状的所有实例，用户不能保存文档模具以用于其他绘图。）

### 3．Visio 绘制图形的两种方式

绘图工具栏：可以绘制矩形、正方形、椭圆、圆、箭头和多边形等图形。

使用模具：可以绘制各种各样的专业图形。

不同的工具详见图 1-28 所示。

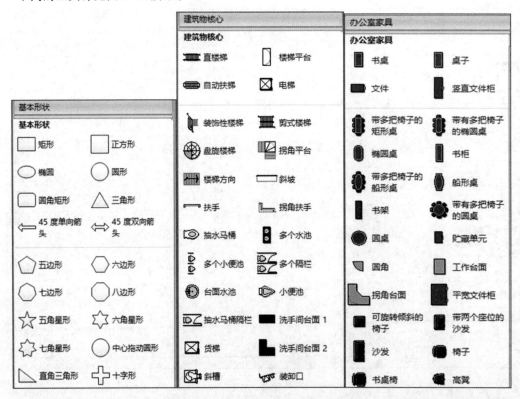

图 1-28

图形的创建：在模具中选择要添加到页面上的图形。用鼠标选取该图形，再把它拖动到页面

上适当的位置，然后放开鼠标即可。

（1）图形的移动

用鼠标拖动图形，则可以将其移动到合适的位置上。

① 选中第一个图形后，按住【Shift】键，再选择其他的图形。

② 把鼠标移到其中的一个图形上，直到出现十字的箭头符号。

③ 把它拖动到新的位置再放开，所有被选择的图形会以相同的方向及间距移动到新的位置上。

（2）图形的删除

选中该图形，按【Delete】键即可删除该图形。

（3）调整图形大小

可以通过拖动形状的角、边或底部的手柄来调整形状的大小。

（注：Microsoft Office Visio 形状还具有其他类型的手柄，例如，旋转手柄和控制手柄。）

① 使用"指针"工具，单击"进程（圆形）"形状。

② 将"指针"工具放置在角选择手柄上方。指针将变成一个双向箭头，表示可以调整该形状的大小。

③ 将选择手柄向里拖动可减小形状。

（4）图形格式修改

可以更改形状（如矩形和圆）的以下格式设置：

① 填充颜色（形状内的颜色）。

② 填充图案（形状内的图案）。

③ 图案颜色（构成图案的线条的颜色）。

④ 线条颜色和图案。

⑤ 线条粗细（线条的粗细）。

⑥ 填充透明度和线条透明度。

### 1.2.3 Visio 制作学校实训基地平面规划图

**1. 设计和制作原则**

符合教学实际需求；严格按照实际尺寸设计；设计符合常规逻辑；规划配套设施；等等。

**2. 实训基地基本情况确定**

参考以下因素：学科建设方向；现有实训室情况；需建设项目；资金预算、场地；设备配置、学生人数；实训室辅助设施；等等。

**3. 基本设计要求**

数控加工方向建设：学校目前已有常规工业加工设备，如数控车、数控铣、加工中心等，设备数量及类型已经能满足学生常规加工实训；在理论教学阶段，准备引入多系统小型机床建设理实一体化教室；预算 80 万元，实训室大小 12 m×8 m；4 台多系统小型数控车床、4 台多系统小型数控铣床，实训人数 40 人，分为 8 组，5 人/组；设置教学区（圆桌），配置多媒体设备、工具柜、工具书、空调等。

## 4．规划制图

选择模板，如图 1-29 所示。

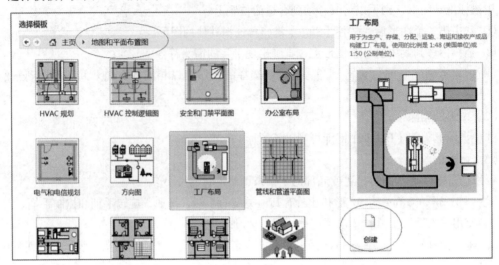

图 1-29

建立实训室房间，在形状上右击→属性→设置形状数据，如图 1-30、图 1-31 所示。

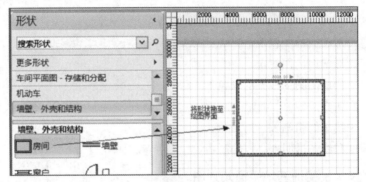

图 1-30

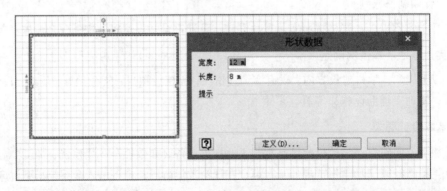

图 1-31

画出讲台和门的位置，确定整体布局朝向，如图 1-32 所示。

查找需要的设备（如没有，自行设计），拖入后，设置属性大小规格，如图 1-33 所示。

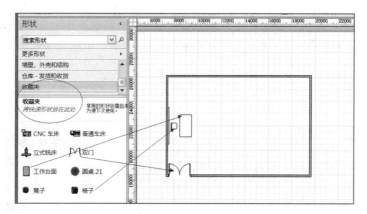

图 1-32

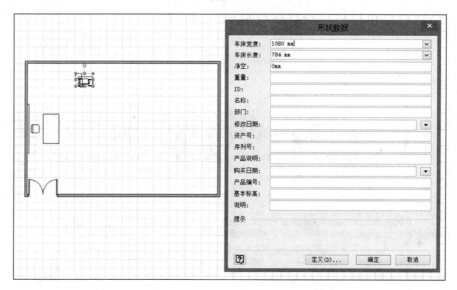

图 1-33

将各种设备添加至实训室，并标出设备名称，合理布局，如图 1-34 所示。

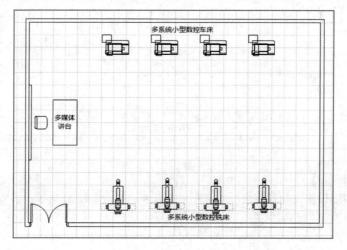

图 1-34

注：绘图界面中，当界面调整至 25%~55% 之间，小方格边长为 0.5 m，当界面缩小到 25% 以下，小方格边长为 1 m（不同计算机可能存在差异），以此来确定机床与墙壁、机床与机床等之间的距离。

设置教学区，相同形状设置一次，然后进行批量复制。也可批量调整大小、旋转方向、移动位置、删除等，如图 1-35、图 1-36 所示。

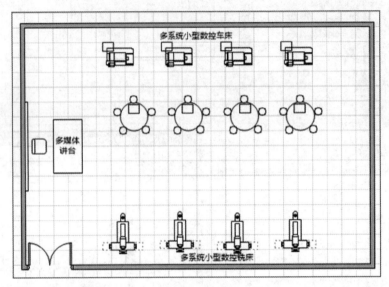

图 1-35

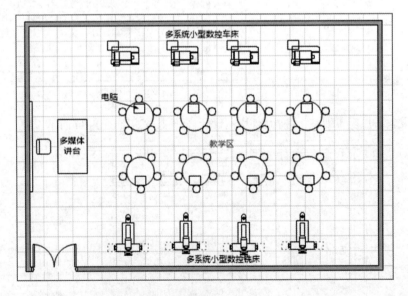

图 1-36

增加实训室辅助设施，如计算机、工具柜、展示柜、空调、多媒体等，并将名称表示出来，如图 1-37 所示。

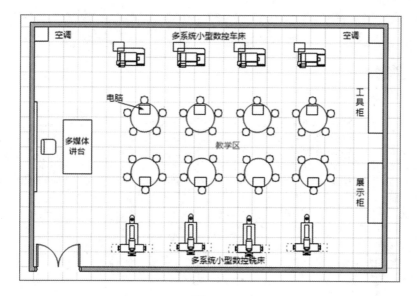

图 1-37

标注实训室尺寸大小、着色美化，如图 1-38 所示。

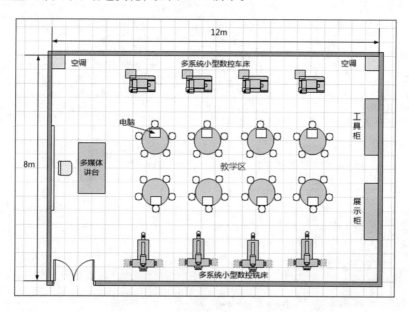

图 1-38

保存为"绘图".vsd 格式，以便下次再次编辑，保存方式如图 1-39 所示。也可以另存为 JPEG 文件交换格式，以便将图片插入方案文档中，保存方式如图 1-40 所示。

按照以上步骤绘制的另外一个实训基地平面规划图，如图 1-41 所示。

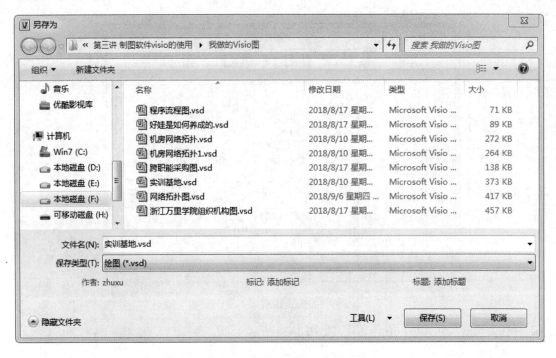

图 1-39

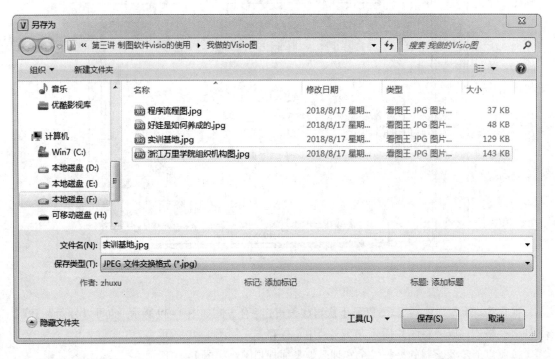

图 1-40

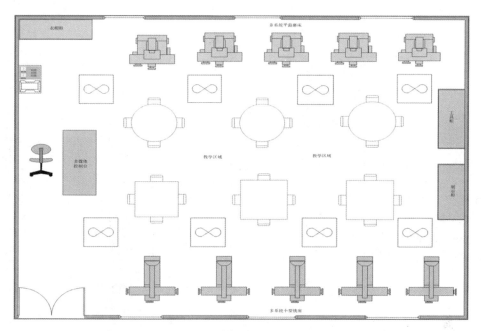

图 1-41

### 1.2.4　利用 Visio 制作组织架构图

　　按照图 1-42 所示选择商务模板的组织结构图模板，绘制浙江万里学院的组织结构图，如图 1-43 所示。绘制前首先要了解清楚整个组织架构，这个需要自己去查资料了解或找相关人员了解信息；接下来绘制组织结构图的技巧在于同一级别的要尽量作为一个整体处理，这样的图就会整体比较协调整齐，一般要等所有方框、文字、格式、位置全部编辑完毕之后再来进行连线的绘制，绘制连线时需要仔细耐心，绘制连线时要掌握一定的技巧，有一些对准点的，尽量使用对准点进行连线，如果实在连不整齐的线条可以利用键盘上的上、下、左、右移动键，稍微移动方框的位置，在图中尽量不要出现折线。

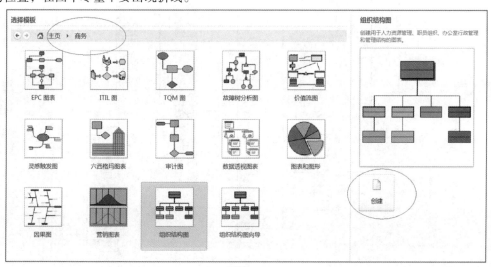

图 1-42

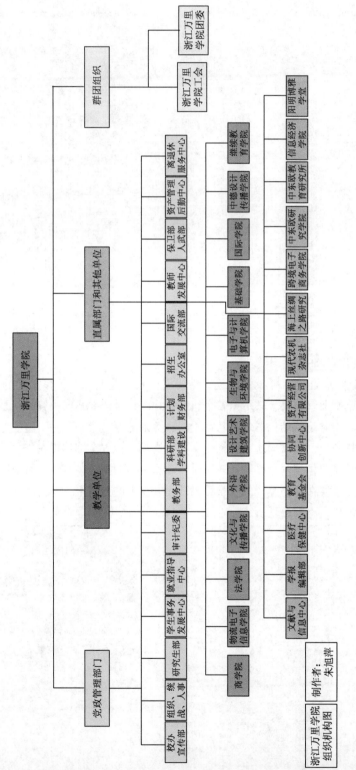

图 1-43

### 1.2.5　Visio 其他应用

跨职能流程图（以采购流程为例）绘制过程如下：

原则：固定的命名规则和编号方式。

涉及的责任部门或岗位，不能用某人姓名或模糊、笼统的概念代替；有始有终，动作的逻辑顺序要连贯且合理可行。

选择模板，如图 1-44、图 1-45 所示。

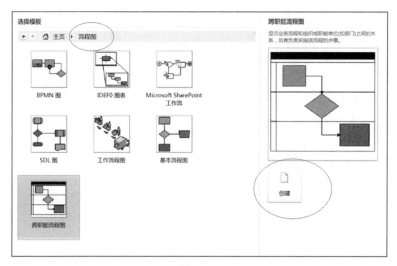

图 1-44

添加形状，更多形状菜单如图 1-46 所示。

图 1-45　　　　　　　　　　　　　　　图 1-46

添加泳道，编辑标题、部门及岗位名称，如图 1-47 所示。

编辑流程，从"开始"编辑，编制所有的流程节点，如图 1-48 所示。

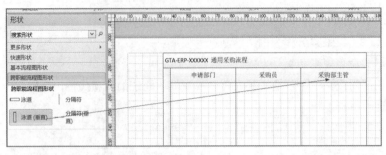

图 1-47

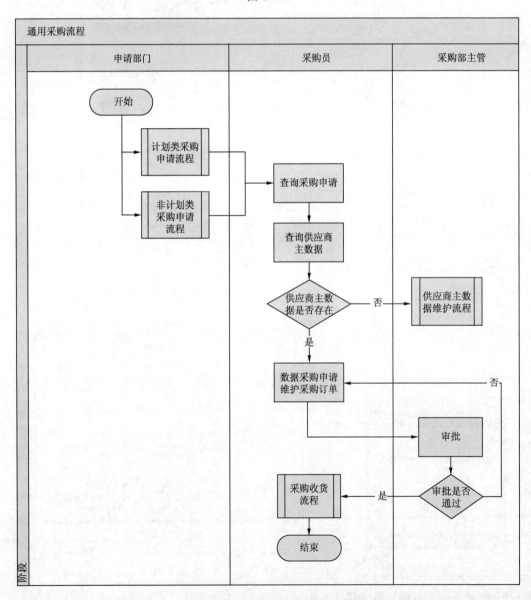

图 1-48

利用 Visio 的基本流程图绘制一元二次方程求解的程序流程图如图 1-49 所示。

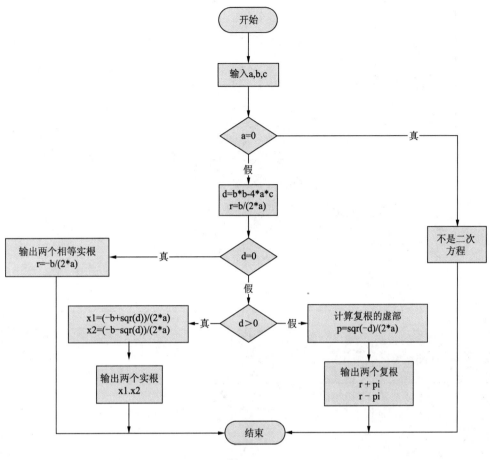

图 1-49

利用网络图模板绘制的学校计算机机房的网络拓扑图如图 1-50 所示。

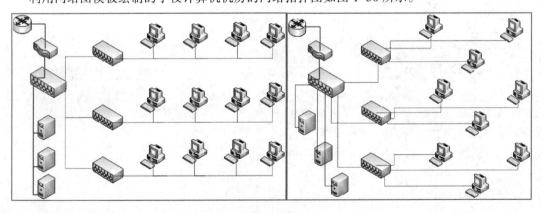

图 1-50

利用因果图（鱼骨图）制作因果关系图如图 1-51 所示。

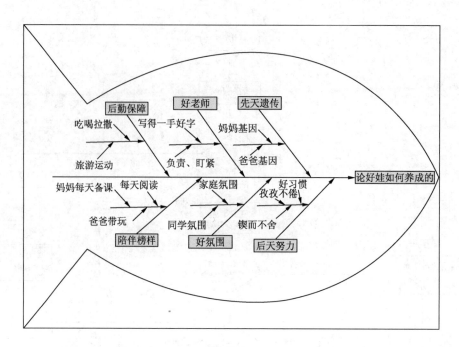

图 1-51

更复杂一些的鱼骨图如图 1-52 所示。

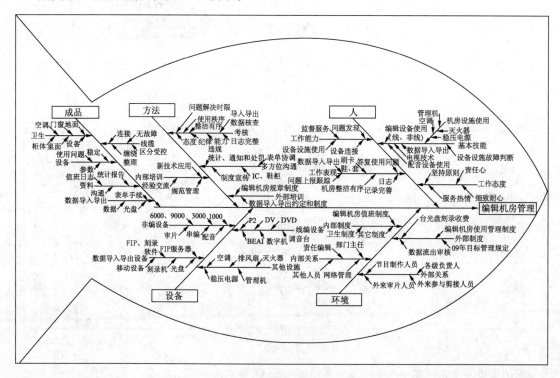

图 1-52

# 小　　结

本章介绍了目前行业中比较流行的两款制图软件，思维导图绘制 MindManager 软件和专业绘图 Microsoft Visio 软件的基本使用，通过一些实际的案例化教学，能让读者快速掌握软件制作的技巧，并可以很快捷、方便地应用到自己的学习工作中，学以致用是本章内容学习的一个最主要的目标。另外学习和使用这两款软件能很好地培养读者的创新思维和综合素质，这是未来不可或缺的重要能力。

# 思　考　题

1. 思维导图主要开发大脑的左脑还是右脑？为什么？
2. 目前比较流行的思维导图的创作方法有哪些？
3. 手绘思维导图的绘制技巧有哪些？
4. 哪些软件可以绘制电子版的思维导图？可以自己去选择使用一些思维导图软件进行实战。
5. 你认为 MindManager 软件的特点有哪些？可以应用在哪些领域？
6. 你觉得哪些软件可以用来绘制图表？
7. Microsoft Visio 软件可以绘制哪些图表？你觉得 Microsoft Visio 的制图是否方便？
8. Microsoft Visio 软件绘制流程图、组织结构图、平面设计图、因果图（鱼骨图）和网络拓扑图等的技巧有啥区别？

# 第 **2** 章

## 音频的采集与处理

在多媒体作品的制作中，常常会用到背景音乐、配乐朗读、语音讲解等音频文件。有些音乐素材的长度、效果等往往不能满足制作要求，需要进行必要的编辑加工，这就应掌握涉及声音的录制、音乐的剪辑与处理等技能。

## 2.1  基 础 知 识

在多媒体技术领域，音频（音频文件）是由各类声源产生的声音文件的统称。为了更好地掌握音频处理软件的使用，了解一些相关的基础理论知识是很有必要的。

### 2.1.1  音频的相关概念

#### 1. 纯音与复音

纯音是指瞬时声压随时间作正弦（余弦）变化的声波，其声音具有明确单一的音调，中学物理课在讲解声波时用到的音叉发出的声音就是"纯音"。复音可以理解是由多个纯音叠加而成的声波，图 2-1 所示中最下方的复音波形就是由其上方的三个不同频率的纯音波形叠加而成的。在日常生活中，我们听到的声音绝大多数是复音。

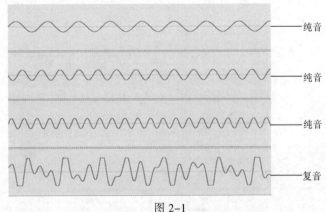

图 2-1

#### 2. 基音与泛音

一般的声音都是由发音体发出的一系列频率、振幅各不相同的振动复合而成的。这些振动中有一个频率最低的振动，由它发出的音就是基音（即复音中频率最低的声音成分）。基音决定了音高。

泛音是指复音中频率高于基音的其他声音成分。其频率可以是基音频率的整倍数，也可以不是。演奏不同乐器能产生数量和强弱各不相同的泛音成分，从而即使基音相同也能具有不同的音色，即泛音的成分决定了声音的音色。

日常生活中，我们之所以能够分辨出谁在讲话或唱歌，就是因为他们的泛音不同。通常，女声的高泛音成分多，男声的低泛音成分多。

### 3．声波与声场

声波是弹性媒质中传播的一种机械波，起源于发声体的振动。正常人能够听到的声波范围为 20 Hz～20 kHz、频率高于 20 kHz 的声波称为超声波，频率低于 20 Hz 的声波称为次声波，超声波和次声波一般不能引起听觉，只有频率在两者之间的声波才能听到，我们把能够听到的声波称为音波或可听声。

声场是指媒质中有声波存在的区域。不同的声源或环境可以形成不同的声场。我们在看电视时常常会有这样的感觉，听同一位歌唱演员唱同一首歌，在不同的环境下效果有时差别很大，这主要是由于声场的不同造成的。在录音棚里的效果最佳，那里的声场最适合录音。

### 4．音调与音色

声音的高低叫做"音调"。音调的高低，主要取决于声波频率的高低。当声波的强度增加，会使同一频率的声波有音调较高的感觉。男子发音，其频率在 90～140 Hz 之间，其音调较低。妇女发音的频率在 270～550 Hz 之间，其音调较高。

音色又叫"音品"，主要由泛音的多少、泛音的频率和振幅所决定。不同的乐器在基音频率相同的情况下，仍然可以区分其各自的特色，就是因为它的音色不同。例如，合奏的二胡、月琴、琵琶，由于音色不同，人们的听觉可以分辨各乐器名称。

歌唱家在演唱歌曲时，只有达到合适的音调才能获得其特有的、美妙的音色。

### 5．模拟音频与数字音频

自然界中声音信号是典型的连续信号，它不仅在时间上是连续的，而且在幅度上也是连续的。在时间上"连续"是指在一个指定的时间范围里声音信号的幅值有无穷多个，在幅度上"连续"是指幅度的数值有无穷多个。我们把在时间和幅度上都是连续的信号称为模拟信号，也称模拟音频。

在某些特定的时刻对这种模拟信号进行测量叫做采样，由这些特定时刻采样得到的信号称为离散时间信号。采样得到的幅值是无穷多个实数值中的一个，如果把信号幅度取值的数目加以限定，这种由有限个数值组成的信号就称为离散幅度信号。我们把时间和幅度都用离散的数字表示的信号称为数字信号。计算机中存储、处理、传输的信号是数字信号，用于存储、处理、传输声音的文件称其为数字音频。

数字音频是指将人听到的自然声音（模拟信号）进行数字化转换（量化）后得到的数据。这一转换过程又称为"模/数"转换，在使用计算机进行录音时由声卡自动完成。但由于扬声器只能接受模拟信号，所以声卡输出前还要把数字声音转换回模拟音频，也就是"数/模"转换。

### 6．影响声音质量的主要因素

影响声音质量的主要因素有采样频率、采样精度、声道数三个。

采样频率决定的是声音的保真度。具体说来就是 1 s 的声音分成多少个数据去表示。不难想象，这个频率当然是越高越好。采样频率以 kHz（千赫）为计量单位。44.1 kHz 表示将 1 s 的声音用 44 100 个采样样本数据去表示。目前最常用的三种采样频率分别是，电话效果（11 kHz）、FM 电台效果（22 kHz）和 CD 效果（44.1 kHz）。市场上的非专业声卡的最高采样率为 48kHz，专业声卡可高达 96 kHz 或以上。一般人的耳朵能听到的频率范围是从 20 Hz～20 kHz。之所以一般要用 44.1 kHz 的采样频率数字化声音，是因为采样频率至少应是播放频率的两倍，才足以在播放时正确还原。再考虑到有些乐器发出的高于 20 kHz 的声音对人也有一定的作用，所以一般定在 44.1 kHz，48 kHz 则是 DVD Audio 或专业领域才会采用。

采样精度表示的是声音振幅的量化精度，采样精度以位（bit）为单位，如 8 位、16 位。8 位可以把声波分成 256 级（$2^8$=256），16 位可以把同样的声波分成 65 536 级（$2^{16}$=65 536）。

例如，每个声音样本用 16 位（2 字节）表示，测得的声音样本值是在 0～65 535 的范围里，它的精度就是输入信号的 1/65 536。样本位数的大小影响到声音的质量，位数越高，模拟的音频越准确，声音的质量越高，音质越细腻，声音的保真度越高，需要的存储空间也越大。专业级别使用 24 位（$2^{24}$）甚至 32 位（$2^{32}$）。

图 2-2 所示为将模拟声音转化为数字声音的采样量化示意图。

声道数表明：在同一时刻，声音是只产生一个波形（单声道），还是产生两个波形（立体声双声道）。顾名思义，立体声听起来比单声道具有空间感。

采样频率、采样精度、声道数的值越大，形成的数字音频文件也就越大。大家平时听 CD 唱盘的质量是 44.1 kHz、16 位的立体声音乐，1 min 这种质量的声音就需要 10 MB 左右的存储空间。通常，

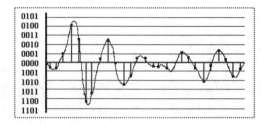

图 2-2

在记录自然界的声音时，将采样率、采样精度、声道分别设置为 44 100 Hz、立体声、16 位就已足够。图 2-3（a）所示是使用 Adobe Audition 3.0 音频编辑软件在进行录音之前三个选项的设置对话框（该软件汉化时将"声道"称作"通道"，"采样精度"称作"分辨率"）。如果只是录制朗读之类的语音，为了减少文件存储大小，可按图 2-3（b）所示进行设置。

（a）

（b）

图 2-3

## 2.1.2 常见的音频文件格式

播放程序的作用对象是保存在计算机中的音频文件。既然是计算机文件，就有一个以何种格式保存的问题。所谓格式，可以理解为数码信息的组织方式。一段音频经过数字化处理以后，所

产生的数码信息可以用各种方式编排起来,形成一个个文件。这些文件依据编码方式的差别,形成这种或那种"格式"。

计算机文件的音频格式很多,而且更好、更实用的编码方式还在不断地开发中。下面,我们简要介绍目前一些比较常见的音频文件格式。

### 1. CD 格式

在大多数播放软件的"打开文件类型"中,都可以看到*.cda 格式,这是 CD 的音轨。其实唱片上的一首首歌曲,并不是我们通常理解的一个个文件。由于当时确定 CD 唱片格式标准的时候,计算机上用的 CD-ROM 格式还未确定,自然不会考虑要让 CD-ROM 驱动器也能识别 CD 唱片了。后来为了让计算机方便地使用 CD 音轨,就在计算机上规定:一个 CD 音轨为一个*.cda 文件。因此,不论 CD 音乐的长短,在计算机上看到的*.cda 文件大小都是 44 B。复制到其他存储器中是不能播放的,因为它不是一个完整的音频文件。

### 2. WAV 格式

*.wav 是微软制定的声音格式,源于 wave 一词,译为"波",在 Windows 操作系统中广泛应用。*.wav 文件的播放效果可达到 CD 音质,但这是一种未经压缩的格式,占用存储空间大。一般用以播放 1 min 声音的*.wav 文件,大小在 10MB 左右。

*.wav 格式文件在计算机中得到了很好的支持,可以被转载在各种储存介质中传播,且一般播放软件均可播放,也可以用音频处理软件将 CD 音轨转成*.wav 文件。

### 3. MP3 格式

*.mp3 是一种音频压缩格式。相同长度的音乐文件,用*.mp3 格式来储存一般只有*.wav 格式的 1/10,而音质大体接近 CD 格式的水平。由于其文件小、音质好,而且在它问世之初还没有别的格式可与之匹敌,因而为*.mp3 格式的发展提供了良好的条件。直到现在,这种格式还是长盛不衰,占据了音频格式的主流地位。

获取*.mp3 文件的途径很多,可通过网上下载、CD 唱片或*.wav 转换、自己通过音频软件录音等。*.mp3 文件可被储存在多种介质中,可以播放的软件有几十种,现如今我们使用手机播放的音频文件大多是*.mp3 格式。

### 4. RM 格式

*.rm 是 Real 公司专门根据网络广播而制定的,这类格式的音频文件可以一边下载一边收听(称之为流媒体),并随网络带宽的不同,声音质量有所不同。

Real 公司的网络广播系统被广泛采用,用 Real Player 可以找到千个网上电台,节目源十分丰富。

### 5. WMA 格式

*.wma 是微软公司推出的音频格式。这种格式在录制时可以对音质进行调节。同一格式,音质可与 CD 媲美,压缩率较高的可用于网络广播。由于微软的大力推广,这种格式在高音质领域仅次于*.mp3,在网络广播方面,也占有一席之地。

*.wma 格式的文件,可以通过微软媒体播放器直接从 CD 录制。也能通过媒体播放器在收听网上的广播节目时保存。

### 6. MIDI 格式

MIDI 是 Musical Instrument Digital Interface（乐器数字化接口）的缩写，它是由世界主要乐器制造厂商建立起来的一个数字音乐国际标准，用来规定计算机音乐程序、电子合成器和其他电子设备之间的交换信息和控制信号的方法。它可以使不同厂家生产的电子音乐合成器互相发送和接收彼此的音乐文件，文件的扩展名为*.mid。

*.mid 格式的音频文件记录的不是数字化后的声音波形数据，而是一系列描述乐曲的符号指令。在播放 MIDI 音乐时，根据 MIDI 文件中的指令进行播放，"告诉"计算机里的声卡如何发音，所以音质的好坏取决于声卡的档次。在相同音乐的情况下，*.mid 格式文件比*.wav 格式文件要小得多，其最大用途是在计算机作曲领域。

# 2.2　Adobe Audition 3.0 软件概述

Adobe Audition 是一款音频编辑软件，虽然目前已经升级到 CC 2018 版本，但由于高版本软件对计算机性能的要求偏高，软件安装包也很大（500MB 左右），所以本章音频的采集、处理与合成均使用该软件的 3.0 版本，软件安装包只有 40 多兆字节。有了 Adobe Audition 3.0 版本的基础，自己摸索 CC 2018 也不困难，下面对这款软件做一个简单介绍。

## 2.2.1　Cool Edit Pro 与 Adobe Audition

Cool Edit Pro 是美国 Syntrillium 公司 1997 年 9 月发布的一款多轨音频制作软件，版本号 1.0，软件名取"专业酷炫编辑"之意。1999 年 6 月推出 1.2 版本，并免费为老用户提供升级包，这个版本曾用过 Cool Edit 2000 的名字。2002 年 1 月推出了一个很重要的新版本，即 2.0 版。也正是从 2.0 版开始，这款在欧美业余音乐音频界已经颇为流行的软件，开始被我国的广大多媒体爱好者使用，本教材的上一版讲解音频的采集与处理一章时使用的就是这款 Cool Edit Pro 2.0 软件。

Cool Edit Pro 以其简单易用、功能强大等优势，继续扩大着它的影响力，并最终引起了著名的媒体编辑软件企业 Adobe Systems 的注意（出品 Photoshop、Premiere 等著名软件的公司）。

2003 年 5 月，Adobe Systems 公司为了填补本公司产品线中音频编辑软件的空白，向 Syntrillium 公司收购了 Cool Edit Pro 软件的核心技术，并将其改名为 Adobe Audition，表 2-1 所示为该软件各版本推出时间表。

表 2-1　Adobe Audition 软件各版本推出时间表

| 时　间 | 2003 年 5 月 | 2003 年 8 月 | 2006 年 1 月 | 2007 年 11 月 | 2017 年 10 月 | … |
| --- | --- | --- | --- | --- | --- | --- |
| 版　本 | 收购 Cool Edit Pro | 1.0 | 2.0 | 3.0 | CC 2018 | … |

Adobe Audition 3.0 是一个功能强大的音乐编辑软件，可以运行在 Windows 7 平台下，能高质量地完成录音、编辑、合成等多种任务，如果你的计算机操作系统是 Windows 10，则需要做一些设置才能正常工作（详见教材后面的附录 C）。

Adobe Audition 3.0 能记录多种音源（包括 CD、卡座、话筒等），并可以对它们进行多种特效处理，只要拥有它和一台配备了声卡的计算机，也就等于同时拥有了一台多轨数码录音机、一台音乐编辑机和一台专业合成器。这款软件不仅适合于专业人员，也适合于普通音乐、朗诵爱好者使用。

### 2.2.2　Adobe Audition 3.0 的工作界面

#### 1．安装后的首次启动

软件安装过程无特别需要说明的地方，依照"安装向导"安装在默认安装路径下即可。安装完成后首次启动会弹出图 2-4 所示的提示框。

如果想把这个临时文件夹放在别的盘符上，可以单击"否"按钮进行设置，维持默认设置单击"是"按钮会弹出图 2-5 所示的提示框，提示该软件有使用两个临时文件夹保存临时文件的功能。

图 2-4

图 2-5

单击"是"按钮可使用两个临时文件夹，单击"否"按钮则只有图 2-4 所示的一个临时文件夹。无论单击"是"还是"否"按钮，软件都会继续启动至图 2-6 所示的工作界面。

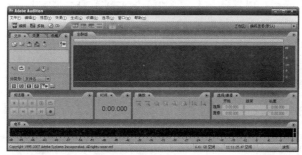

图 2-6

#### 2．工作界面简介

图 2-6 所示为"编辑查看"界面，录音及处理可在该界面下进行。单击菜单栏下方的"多轨"按钮，可以切换到"多轨查看"界面（见图 2-7），多音轨合成、录制伴唱等操作可在该界面下进行。

图 2-7

还有一个是"CD 查看"界面，用于作品刻录等输入输出操作。

# 2.3 音频文件的采集

计算机多媒体领域里记录声音的文件一般被称为"音频文件"（简称"音频"），制作多媒体作品需要许多音频素材，音频素材的来源通常有"直接录制""网络获取""CD 光盘导入""视频伴音提取"等途径。

## 2.3.1 直接录制

### 1. 录制人声

以录制人声为例来说明录制前需进行的准备工作及录制的一般步骤。

（1）硬件准备及录音属性设置

如果对录音质量要求较高，应当给所使用的计算机配置一块高质量的声卡和一个好一些的录音话筒。如果只是一般应用，板载声卡（集成在主板上的）和一副普通耳麦就够用了，两者的录音效果（尤其是录制歌唱）还是相差很明显的。

要录制声音，必须保证计算机声卡的驱动程序安装正确，而且要对相应软件进行必要的设置。设置的一般方法步骤如下：

① 右击"任务栏"右端的"小喇叭"图标，选择"录音设备"选项，弹出图 2-8 所示的"声音"设置窗口，分别是麦克风未插入［见图 2-8（a）］和已插入［见图 2-8（b）］时的提示。

（a）

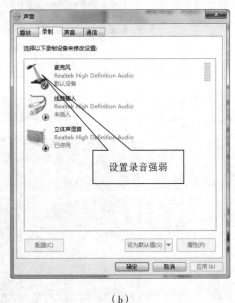

（b）

图 2-8

② 在"麦克风"处右击，在弹出的快捷菜单中选择"属性"命令，打开"麦克风属性"对话框［见图 2-9（a）］。在"级别"选项卡中［见图 2-9（b）］，通过配合调整"麦克风"和"麦克风加强"下方的滑块位置改变通过麦克风输入计算机中信号的强弱，即录音强弱。建议首先

将"麦克风加强"下方的滑块拖动到最左端（即不加强），通过拖动"麦克风"下方的滑块位置观察录音时输入信号的强弱，通常不建议波形振幅超过上下两条水平白线。如果感觉录音音量不够，再适当拖动"麦克风加强"滑块进行补偿，两滑块的具体位置应根据实际情况通过"试录"确定。

（a）　　　　　　　　　　　　　　　　　　（b）

图 2-9

③ 单击"确定"按钮结束设置。

需要说明的是，不同声卡、尤其是不同的声卡驱动程序及声卡管理软件，上述界面不尽相同，有时读者需参照声卡使用说明进行设置。

（2）试录

① 启动 Adobe Audition 3.0：切换到"编辑查看"界面，界面的风格也遵循了 Windows 操作系统的习惯，由标题栏、菜单栏、工具栏等组成。限于篇幅，加之一些选项、按钮等并不常用，在此不做详尽介绍，读者可以在掌握了基本操作，并对软件有了一定认识之后，自行尝试其他选项及按钮的功能。

② 设置"新建波形"对话框：确认已做好前面的"录音控制"设置后，单击界面左下方的"录音"按钮 ⬤ ，选择"新建波形"对话框中的采样率、声道、分辨率（采样精度）。由于通常使用一个话筒录音，如果想减少音频文件的容量，可在"声道"单选按钮组中选择"单声道"单选按钮［见图 2-10（a）］，如今硬盘越来越大，可以不必在意节省空间，按默认双声道录制即可。

③ 开始录音：单击"确定"按钮后，便开始录音了。对着话筒朗读一段文字，根据波形振幅的大小，调整图 2-9 中"麦克风"音量的高低到合适位置，使得波形振幅介于两条水平"白线"之间为宜［见图 2-10（b）］，宁可使振幅小一些，也不要造成无法挽回的"削顶失真"。

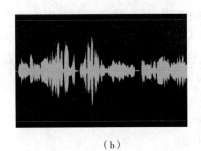

（a） （b）

图 2-10

④ 结束录音：单击界面左下方的"停止"按钮 结束试录。此时显示波形的区域为选定状态（白色，"高亮显示"），上方中央有一个可以调整波形振幅的按钮，按住它上下移动鼠标，可以改变波形振幅的大小（见图 2-11）。

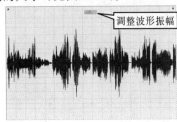

图 2-11

⑤ 试听效果：单击"播放"按钮 可以听到刚才的录音，这时默认从头开始播放；如果想从某一指定位置开始播放，则可在该位置处单击鼠标后再单击"播放"按钮播放；如果想听某一片段，则拖动鼠标选中这一片段后再单击"播放"按钮播放，感觉效果尚可，便可进行正式录音了。

（3）正式录音

人与话筒的相对位置保持与试录时大体相同，以保证话筒拾取的声音强度与试录时差不多；关闭音箱，以避免音箱发出的声音也同时被记录，造成记录的声音混杂。

如果不打算保存刚才试录的声音，可以在波形编辑界面的左窗格"文件"选项卡中右击"未命名*"，在弹出的快捷菜单中选择"关闭文件"命令［见图 2-12（a）］，在弹出的对话框［见图 2-12（b）］中单击"否"按钮，放弃保存。

接下来，重复"试录"的过程，记录所要录制的声音（如一段朗读）。在录音过程中，如果哪一部分读错，不必停录（单击"停止"按钮 ），将读错的句子重读一遍即可，后期可以运用剪辑功能将读错的部分去掉。对于不长的文稿，可以一气呵成。对于大段的文稿还是划分成一个个段落记录为宜，这样做是为了在进行剪辑及效果处理时方便起始位置和终止位置的寻找。

（a） （b）

图 2-12

前期录音是所有后期工作的基础，这个环节出现问题，往往无法靠后期处理来补救。因此，如果感觉录音质量、效果不令人满意（如语气与文字内容不和谐、声音强弱不一致等），最好重录。

（4）保存成音频文件

结束录音后，选择"文件"→"另存为…"命令（快捷键【Ctrl+Shift+S】），将弹出"另存为"对话框。第一次使用 Adobe Audition 3.0 保存文件，默认保存在"我的文档"下的"我的音乐"文件夹内［见图 2-13（a）］，可以根据需要更改文件夹及文件名［见图 2-13（b）］。

（a）　　　　　　　　　　　　　　　　（b）

图 2-13

为保证所记录声音的质量，可以采用默认的 Windows PCM (*.wav;*.bwf)格式保存。如果对声音质量的要求不是很高，为了节省存储空间，可以在"保存类型"下拉列表中选择 mp3PRO?(FhG)(*.mp3)［见图 2-14（a）］，保存为目前流行的 MP3 格式。单击"保存"按钮会弹出图 2-14（b）所示的提示框，再单击"确定"按钮完成 MP3 格式音频文件的保存。

　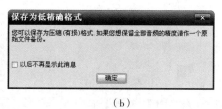

（a）　　　　　　　　　　　　　　　　（b）

图 2-14

（5）音频文件的打开与播放

启动 Adobe Audition 3.0 后，选择"文件"→"打开"命令（快捷键【Ctrl+O】），在弹出的"打开"对话框中，选择要打开的音频文件，单击"打开"按钮，再单击"播放"按钮 ▶ 即可。

比较方便的打开方法是使用与 QQ 聊天时给对方发送文件的方法类似，将音频文件拖入 Adobe Audition 3.0 界面即可，使用 Adobe Audition 3.0 播放音乐，能够听得出比 Windows 自带的媒体播放器（Windows Media Player）的播放效果好。

**2．录制在线播放音乐**

一些网站上的音乐不提供下载链接，只能在线播放，如果想下载则需要注册为用户或者注册后还得扫码支付一定费用才行。另外，一些网页或贺卡的背景音乐也不能直接下载，对此类情况，使用 Adobe Audition 3.0 音频编辑软件录制是获取的方法之一。

（1）重新设置录音属性

前几步与使用麦克风录音的设置相同，当出现图 2-15（a）所示窗口时，在"立体声混音"处右击，在弹出的快捷菜单中选择第一项"启用"，其成为图 2-15（b）所示状态。（若再在"单体声混音"处右击，原"启用"的位置成为"禁用"，单击它可以禁用该功能。）

（a）　　　　　　　　　　　　　　　　　（b）

图 2-15

与使用麦克风录音设置类似，若在"立体声混音"处右击，在弹出的快捷菜单中选择"属性"命令会弹出图 2-16 所示的设置面板，在"级别"选项卡中可以通过调整"立体声混音"下方的滑块改变录音的强弱。

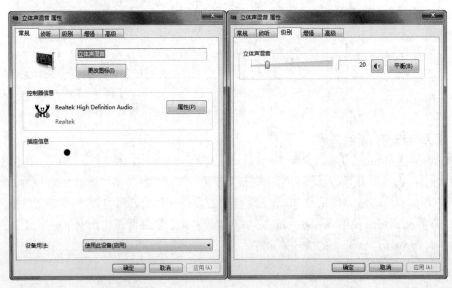

图 2-16

（2）录制

启动 Adobe Audition 3.0→打开网页→在音乐播放状态下→试录（调整"立体声混音"下方的滑块使其合适）→正式录音，具体操作过程与通过话筒录制现场声相同，不再赘述。

实际上，只要是能够听到的音乐，就可以采用这种方法录制成音频文件。动画、视频中的伴音也可以采用这种方式录制，为了保证录制过程中声音不间断，需要保证动画能够流畅地播放，如果网速不够应当事先看一遍后重新播放时再录制。

假如事先插好麦克风，软件一般会自动识别所用录音硬件设备，如果出现图 2-17 所示提示，则需要在软件中做相应设置。

图 2-17

单击"确定"按钮后一般会再次弹出图 2-17 所示的提示，提示音频系统输入/输出设备（ASIO设备）无效，再单击"确定"按钮，弹出图 2-18 所示的提示，提示如何修改设置。

图 2-18

如果能正常识别麦克风、话筒、输出音箱不弹出上述提示，则应与图 2-19（a）所示类似，否则是图 2-19（b）所示的样子，此情形只识别了输出（通常是音箱、耳机等输出设备），"默认输出"项显示为"扬声器"。

单击"控制面版"菜单，弹出图 2-20（a）所示设置对话框，选中"麦克风…"复选框［见图 2-20（b）］，再单击"确定"按钮，完成设置，返回到上一级，如图 2-19（a）所示。

也只有这种设置正确的前提下，才能正常录音。

（a） （b）

图 2-19

（a） （b）

图 2-20

### 2.3.2　网络获取

#### 1．直接下载

这种途径也是读者经常使用并且熟悉的，与下载图片的方法类似。在各类"网址大全"（见图 2-21）中类似 Bai百度 处单击，弹出单独的百度搜索引擎（见图 2-22）。

单击图 2-22 所示的百度搜索引擎右侧"更多产品"，选择"音乐"，会弹出类似"千千音乐"之类专门提供音视频服务的网站（见图 2-23），至于其他时候是否弹出"千千音乐"要看其他音乐网站与百度公司的协议了。

图 2-21

图 2-22

图 2-23

再在搜索栏中输入关键字找到想要的音乐曲目，后续操作无须赘述。

随着版权意识的增强、管理越来越规范，可以提供"直接下载"的网页也不像以前那么多了，以前可以方便地直接下载的诸如 http://www.wo99.com/也看不到了。

### 2．借助 Internet 临时文件夹

对于网络上不提供直接下载的音乐，既可以使用上述"录制在线播放音乐"的办法录制，也可以借助 Internet 临时文件夹提取，笔者一般按如下方法提取。

① 选择菜单栏"工具"→"Internet 选项"命令，弹出图 2-24（a）所示的对话框。

② 在当前"常规"选项卡中单击"浏览历史记录"选项组中的"删除"按钮，在弹出的"删除浏览的历史记录"对话框中［见图 2-24（b）］取消选中"保留收藏夹网站数据"复选框，也可以取消选中 Cookie 和"历史记录"两项的复选框，但必须保证"Internet 临时文件"是被选中的，这样做的目的是在临时文件夹中找音乐文件时方便一些，不然一大堆各类文件会让你不知道哪个是接下来要听的音乐文件。接下来单击"删除"按钮会有一个等待删除文件的过程。

回到图 2-24（a）所示的对话框后，单击"浏览历史记录"选项组中的"设置"按钮，弹出"Internet 临时文件和历史记录设置"对话框［见图 2-25（a）］，单击"查看文件"按钮，打开 Temporary Internet Files 窗口（存放浏览过文件的文件夹窗口），可以看到里面的文件被清空了［见图 2-25（b）］。

③ 单击图 2-25（a）、图 2-24（a）中的"确定"或"取消"按钮，关闭对话框。

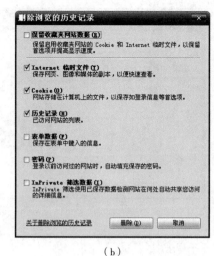

（a） （b）

图 2-24

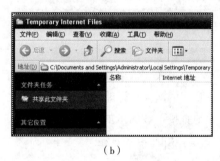

（a） （b）

图 2-25

④ 打开所要提取音乐的网页，使其播放（对于网页背景音乐会自动播放）。为了能使音乐文件完整地保存在 Internet 临时文件夹中，应当略微等待几秒。

⑤ 重新打开图 2-25（b）所示的 Temporary Internet Files 窗口，可以看到 Internet 临时文件夹中的文件（见图 2-26）。

图 2-26

⑥ 此时文件的顺序排列往往看上去杂乱无章，由于音乐文件通常比较大，为了能够在文件列表的开头处找到，可以在窗口中右击，再在弹出的快捷菜单中选择"大小"命令，使文件按大小排列（见图 2-27）。如果出现的是从小到大的排列方式，则以相同的方法再操作一遍可使其实现从大到小的排列顺序（也可以单击列标题"大小"切换从大到小或从小到大的排列方式）。

图 2-27

⑦ 完成从大到小的排列之后的 Internet 临时文件夹内容如图 2-28 所示。如果只播放过一个音乐文件，那么排在第一个的就是刚才播放的文件了，把它复制出来便完成了从 Internet 临时文件夹中提取音频文件的操作。

图 2-28

此方法也同样适用无法直接下载的视频文件的提取（如网络上流行的*.flv 格式的流媒体视频文件等）。

需要说明的是，保存在 Internet 临时文件夹中的文件也可以在 Windows 默认安装方式的路径 C:\Documents and Settings\Administrator 中找到（安装的操作系统为 Windows XP），只是由于采用默认方式设置时看不到而已（见图 2-29）。

图 2-29

可以通过选择窗口中的"工具"→"文件夹选项"命令，在弹出"文件夹选项"对话框中选择"查看"选项卡［见图 2-30（a）］，取消选中"隐藏受保护的操作系统文件（推荐）"复选框（该操作会弹出一个警告框，仍然单击"是"按钮），再将"隐藏文件和文件夹"下的"显示所有文件和文件夹"单选按钮选中［见图 2-30（b）］。

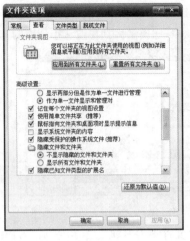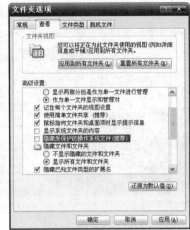

（a）　　　　　　　　　　　　　（b）

图 2-30

完成设置后就能够显示出隐藏的文件和文件夹了（见图 2-31）。

图 2-31

再打开其下的 Local Settings 文件夹，可以看到 Internet 临时文件夹 Temporary Internet Files（见图 2-32）。

打开 Temporary Internet Files 文件夹就能看到前面图 2-27 所示的文件了。再按大小排序将音频文件复制出来。

图 2-32

### 2.3.3　从 CD 唱片中提取音频

从 CD 唱片音轨中提取音频文件可以有三种方法。

第一种方法与打开其他音频文件相同，在"编辑查看"界面下单击"文件"下拉菜单中的"打开"按钮，在查找范围列表框中选择已插入 CD 光盘的盘符，双击要打开的音轨（或选定后单击"打开"按钮）即可（见图 2-33）。

图 2-33

第二种方法是，"编辑查看"所示或"CD 查看"界面下，均可在左窗格中右击，在快捷菜单中选择"导入"命令，弹出的对话框与图 2-33 所示除标题栏改为"导入"外，其他完全相同，后续操作同上。

由于音频文件比较大，为避免因导入时间较长浪费不必要的时间，可以在"打开"或"导入"前先选中某音轨后单击对话框右下方的"播放"按钮试听，确认是想要导入的音轨后再单击"打开"按钮。

第三种方法是，在"文件"下拉菜单中选择"从 CD 中提取音频..."（见图 2-34），将弹出"从 CD 中提取音频"对话框（见图 2-35），可以选择某个音轨后单击"试听"按钮确认要提取的音频后再单击"确定"按钮。

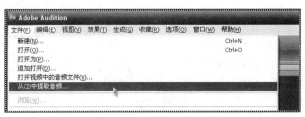

图 2-34

图 2-35

导入音频后，将其另存为 WAV 或 MP3 等格式备用。

### 2.3.4 从视频中提取伴音

视频中的声音也称为伴音（"伴"随画面发出的"声"音），伴音提取有多种方法。

#### 1. 使用 Adobe Audition 3.0 提取

在"编辑查看"界面下，选择"文件"→"打开视频中的音频文件(V)…"选项（见图 2-36），将弹出"打开视频中的音频"对话框，找到要提取音频的视频文件后打开（见图 2-37）。

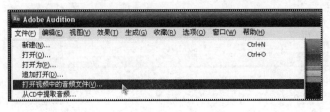

图 2-36

图 2-37

此方法可以从 *.avi、*.mpg、*.wmv、*.asf、*.mov 格式的视频文件中提取伴音。

需要说明的是，有时视频文件虽然能够在图 2-37 所示的对话框中看到（是其所支持的文件类型），也未必能正常导入。对这种情况可以借助格式转换软件来提取。

#### 2. 使用格式转换软件提取

格式转换软件有很多种，其中"格式工厂"（见图 2-38）简单易用，是笔者用得最多的格式转换软件，它可以实现各种视频格式之间、音频格式之间的相互转换，还可以将视频中的伴音提取出来，具体详细的软件使用参见本教材后面的附录内容。

附带提一下，Adobe Audition 3.0 不再具备 Cool Edit Pro 2.0 可以直接提取 DAT 格式视频伴音的功能，这多少有些遗憾，但却可以借助格式工厂之类的软件提取。

#### 3. 单一声道的提取

"卡拉 OK"VCD 伴奏光盘曾风行一时，直到现在，也是喜好歌唱的人们获取伴奏音乐的主要途径。早期的"卡拉 OK 歌厅"根据客人需要安排专人换盘，也有带着自己喜欢的光盘去玩的，使用的话筒是拖着长长一条线的"有线话筒"。现在所谓的"KTV 包厢"提供的是"无线麦克""无线麦克接收器""功放"，档次高一些的还配有"效果器"，而不再配备用来播放光盘的 VCD 或 DVD 视盘机了，伴奏视频来源于专用服务器的"音乐库"，由点播软件管理，客人可以自己使用鼠标或触摸屏轻松点歌。"音乐库"中存放的就是那些 DAT 或类似 DAT 格式的视频文件，控制界面中的"伴奏/原唱"按钮的功能实际上就是控制是否关闭伴唱声道。

图 2-38

上面从"卡拉 OK"VCD 伴奏光盘 DAT 格式视频文件中提取伴音的波形如图 2-39 所示，一般左声道为伴奏、右声道为原唱。

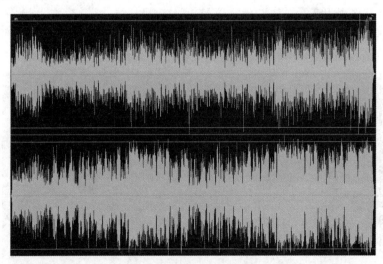

图 2-39

如果只要伴奏音乐，并且让两个声道都成为"伴奏音乐"，不仅可以不担心登台演唱时"音响师"不小心将"原唱"放出，也会因左右两个声道全是伴奏音乐使得效果明显变好。可以采用下面的两种方法。

（1）使用"声道重混缩"功能

① 使用 Adobe Audition 3.0 打开使用格式转换软件提取的视频伴音（见图 2-39）。

② 菜单操作方法是，选择"效果"→"立体声声像"→"声道重混缩"选项，弹出"VST 插件-声道重混缩"控制面板，从"预设效果"下拉列表中选择 Both=Left［见图 2-40（a）］，意为两个声道取左声道）。也可以在左窗格"效果"选项卡中进行相同的操作［见图 2-40（b）］，此时"VST 插件-声道重混缩"控制面板需双击"声道重混缩"打开。

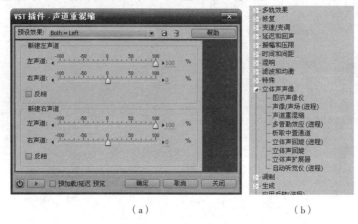

（a）　　　　　　　　　　　（b）

图 2-40

③ 单击图 2-40（b）左下方的"预览 播放/停止"按钮 ▶ 试听效果，单击"电源"按钮 ⏻ 可以切换有无伴唱声道两种播放状态，以便比较。如果考虑到每次试听时前奏时间过长（前奏部分是听不到有无伴唱的），可以事先从中间选择一部分再打开"声道重混缩"控制面板进行后续操作。

图 2-41

④ 确认没有伴唱声音后单击"确定"按钮，经历一个图 2-41 所示的"应用 声道重混缩 到选区"过程后，左右声道的波形一致，皆为左声道伴奏波形（见图 2-42）。

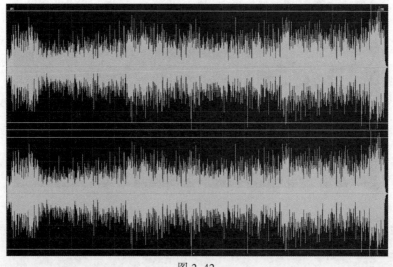

图 2-42

需要说明的是，有极少数的 VCD 伴奏光盘的左声道为原唱、右声道为伴奏，只需在图 2-40(b) 所示的"预设效果"列表中选择"Both=Right"，其他操作相同。

⑤ 如果不想覆盖原伴音文件，保存时采用"另存为"（快捷键【Ctrl+Shift+S】），更名或改变保存位置（见图 2-43）。

图 2-43

如果想效果好一些，在从视频中提取伴音时就应当提取成*.wav 格式，另存自然也应当是*.wav 格式，从*.mp3 另存为*.wav 格式意义不大。

（2）使用"删除/复制/粘贴"功能

也可以使用先删除右声道，再将左声道复制到右声道的做法达到与上述功能相同的目的。操作步骤如下：

① 在右声道波形下方靠近白色水平线附近单击，可使左声道处于不可用状态（灰色显示），此时播放只能听到右声道的原唱声音［见图 2-44（a）］。

② 全选右声道（快捷键【Ctrl+A】）→删除右声道（Delete），将右声道波形删除［见图 2-44(b)］。

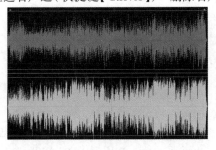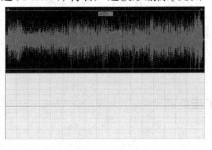

（a）　　　　　　　　　　　（b）

图 2-44

③ 在左声道波形上方靠近白色水平线附近单击，可使右声道处于不可用状态（中间的水平坐标轴呈灰色显示）［见图 2-45（a）］。

（a） （b）

图 2-45

④ 全选左声道（快捷键【Ctrl+A】）→复制左声道（快捷键【Ctrl+C】）［见图 2-45（b）］。

⑤ 再次在右声道波形下方靠近白色水平线附近单击，使左声道再次处于不可用状态（灰色显示）［见图 2-46（a）］。

⑥ 在界面下方的"传送器"面板中单击 按钮，使复制起点位于最左端→将左声道的波形粘贴到右声道中（快捷键【Ctrl+V】）［见图 2-46（b）］。

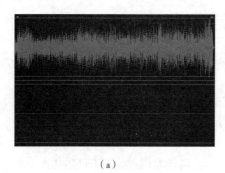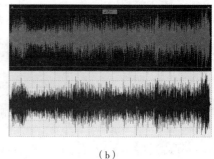

（a） （b）

图 2-46

⑦ 最后一步，将伴奏音频文件换名另存。

如果想使两个声道都为原唱（欣赏用），方法类似，读者自行尝试。

## 2.4  音频文件的处理

### 2.4.1  剪辑处理

为了便于讲解和操作，仍以录制人声为例说明剪辑的方法。录完一段声音后，有些读错的地方必须去掉。另外，头尾部分一般停顿时间太长，也需要去掉。这用到了 Adobe Audition 3.0 的剪辑功能。

剪辑方法是，打开音频文件后，通过试听确定需要去掉部分的起始点和结束点，用鼠标拖选这段波形，被选中波形的背景呈白色状态显示（见图 2-47）。按【Delete】键或在"编辑"下拉菜单中选择"删除所选"命令即可。（撤销操作的快捷键依然是【Ctrl+Z】。）

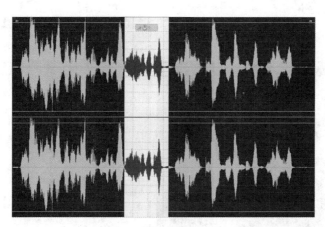

图 2-47

　　如果录音时间较长，波形过密，不便于准确定位起始点和终止点，可单击界面下方 "缩放" 面板中的 "水平放大" 按钮  （见图 2-48），将波形散开再进行剪辑。对于大段需要剪掉的音频波形，可以一部分一部分的去掉，以保证剪辑位置的准确。

图 2-48

### 2.4.2　降噪处理

　　如果录音现场有无法克服的噪声（如空调声、计算机噪声等），录制后的噪声会很明显，而经过降噪处理后声音会显得很"干净"。为了能够体会降噪前、后的效果变化，这里专门打开了一个噪声很大的名为"降噪前"的音频文件，如图 2-49 所示。

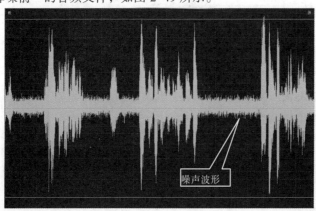

图 2-49

　　降噪操作步骤如下：

　　① 选择一段噪声波形（见图 2-50）后，菜单操作方法是，选择"效果"→"修复"→"降噪器（进程）"选项，打开"降噪器"对话框（见图 2-51）。也可以在选中噪声波形的位置处右击，在弹出的快捷菜单中选择"采集降噪预置噪声"选项，再打开"降噪器"对话框时就直接是图 2-52 所示的样子了。

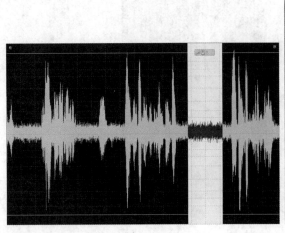

图 2-50

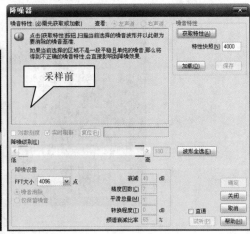

图 2-51

② 单击"噪音特性"按钮组中的"获取特性"按钮，将选中的噪声波形作为特性噪声（或称为"噪音采样"）载入（见图 2-52）。

③ 单击"关闭"按钮关闭"降噪器"。注意，此时如果单击"确定"按钮，则只能是把选中的那段噪声波形去"降"掉。

④ 在波形的任意位置单击，取消选择（或选择全部波形），重复操作"效果"→"修复"→"降噪器（进程）"，再次打开"降噪器"对话框（此时仍为图 2-52 所示的样式，波形会自动呈全选状态），单击"确定"按钮，开始降噪处理，完成降噪处理后的波形如图 2-53 所示。试听降噪后的效果会感觉到声音"干净"了许多。

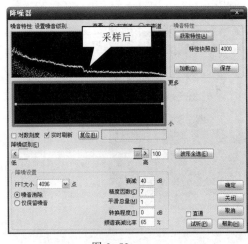

图 2-52

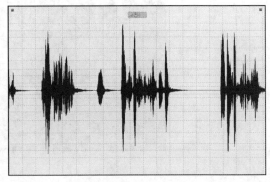

图 2-53

⑤ 如果不想覆盖降噪前的原始文件，应将降噪后的音频文件更名另存（如更名为"降噪后"）。

一般来讲，如果环境比较安静并且录音音量又足够大，是无须去除噪音的。但如果话筒灵敏度太低或现场声音不够大，致使录音音量不足，录成的声音波形会类似图 2-54 所示，这种情况的专业术语叫做"信噪比"低。

对于这种情况，必须提高波形振幅，所录制的声音才是可用的。提升振幅的方法是，全选波形（快捷键【Ctrl+A】）后，指向波形上方的振幅调整按钮，按住鼠标左键向上或向右拖动使波形振幅增大（见图 2-55），而此时噪声也就不可避免的随之增大了。

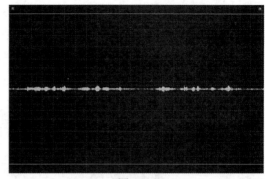

接下来使用上面的降噪方法对同时被放大了的噪声进行降噪处理，降噪后的波形如图 2-56所示。不仅能够明显听出、也能从波形上明显看出降噪前后的变化。

"降噪处理"的其他操作比较复杂，这里只

图 2-54

是针对最为实用的功能进行最为简便的操作介绍，感兴趣的读者可自行尝试其他功能的使用。

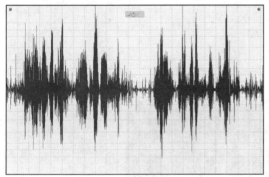

图 2-55

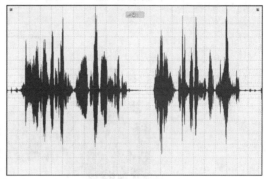

图 2-56

### 2.4.3　用"图示均衡器"调整音色

通过"图示均衡器"可以调整各频率范围泛音的强弱。打开"图示均衡器"的菜单操作方法是，选择"效果"→"滤波和均衡"→"图示均衡器"选项，将弹出"图示均衡器"操作面板［见图 2-57（a）］。首次使用"图示均衡器"默认为"10 频段"调整模式，为了能够精确调整，可以将其改为"30 频段"模式［见图 2-57（b）］。

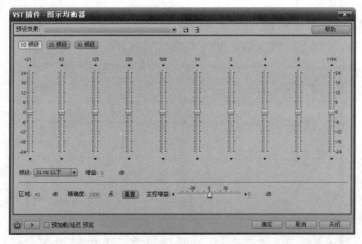

（a）

图 2-57

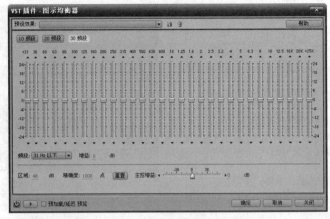

（b）

图 2-57（续）

实际调整时，可参照下述步骤进行：

① 事先选择一小段波形（见图 2-58）后，再打开"图示均衡器"操作面板。

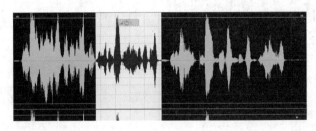

图 2-58

这样做是为了能够比较清晰地听出调整"滑块"产生的效果变化。

② 单击面板左下方的"预览 播放/停止"按钮 ，会不停地重复播放所选中的那段波形。

③ "预设效果"中预置了一些选项，可以方便调用。在下拉列表中选择一个大体满意的预设效果，在此基础上调节各频段上的滑块位置（通过鼠标的纵向拖动，可以自由地对某个频段进行提升或衰减），调节后如图 2-59 所示。

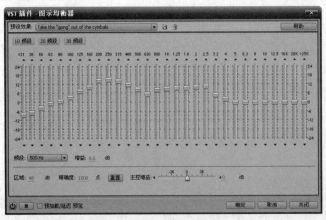

图 2-59

④ 根据听到的预览效果，改变各个频段上滑块的位置（提升或降低），效果满意后，单击"预设效果"右侧的"保存"按钮 ，在弹出的"添加预设"对话框中输入"新建预设"的名称（见图 2-60），单击"确定"按钮把适合录音者的调节结果保存到"预设效果"列表内备用，以便再对该人的其他音频处理时使用该预设。

图 2-60

⑤ 单击"关闭"按钮关闭"图示均衡器"操作面板。注意，此时如果单击"确定"按钮，则只是把"预设效果"应用到选中的那段波形上。

⑥ 在波形的任意位置单击，取消选择（或选择全部波形），重复操作"效果"→"滤波和均衡"→"图示均衡器"，再次打开"图示均衡器"调节面板（波形会自动呈全选状态），确认是所要使用的预设效果（此例为"梁越朗读专用"），单击"确定"按钮，开始处理。如果处理完成后的波形如图 2-61 所示，说明调节的结果使得音量增加过多了，可以事先采用与前面"降噪"处理增加波形振幅相反的操作将波形振幅减少（见图 2-62），再进行"图示均衡"处理，先降幅再应用"图示均衡器"中预设效果后的波形模式如图 2-63 所示。

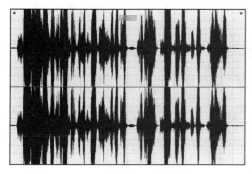

图 2-61

图 2-62

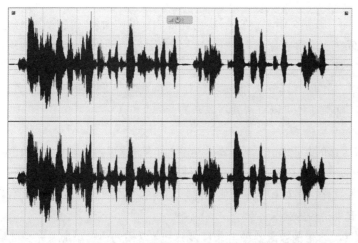

图 2-63

因为 Adobe Audition 3.0 在"编辑查看"界面下的单轨编辑是破坏性的，一旦关闭，就不好再将处理后的音频改回原来的效果了。因此进行任何一项处理前后最好都能听一下，免得保存退出后又发现问题时无法恢复。在关闭软件前如果感觉不满意，可以单击"编辑"下拉菜单中的"撤销……"按钮撤销前几步操作（快捷键【Ctrl+Z】），每按一次【Ctrl+Z】即可向前撤销一步。

### 2.4.4 用"房间混响"添加混响

刚录完的人声（如朗读音）听上去是干巴巴的，加一些"混响"会感觉好听多了。操作思路与"图示均衡器"类似，大体步骤如下：

① 事先选择一小段波形后，再打开"房间混响"操作面板。菜单操作方法是，选择"效果"→"混响"→"房间混响"选项，弹出"VST 插件–房间混响"调节面板［见图 2-64（a）］。

② 单击面板左下方的"预览 播放/停止"按钮　▶　，在"预设效果"下拉列表中选择一个大体满意的预设效果，在此基础上调节各滑块位置，效果满意后，单击"预设效果"右侧的"保存"按钮　💾　，把适合录音者的调节结果保存到"预设效果"列表内备用。调节后如图 2-64（b）所示。

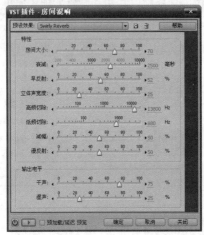 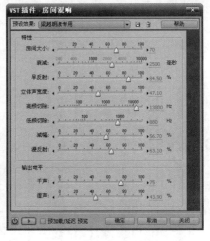

（a）　　　　　　　　　　　　　　（b）

图 2-64

③ 单击"关闭"按钮关闭"VST 插件–房间混响"操作面板。在波形的任意位置单击，取消选择（或选择全部波形），重新打开"房间混响"调节面板，确认是所要使用的预设效果，单击"确定"按钮，开始处理。

最后，将经过"剪辑""降噪""图示均衡""房间混响"等处理的音频文件换名另存（应养成这个习惯，以备不满意时还可以重新处理原来的音频文件）。

几点说明：

① 这里涉及太多的专业术语，不做详尽叙述。其含义可以通过调节各滑块位置试听来体会。

② 如果全文朗读配音是由若干个音频文件组成，应将调整好的图形均衡及混响效果都保存成一个预置选项。这样，在对其他段落使用图形均衡器及添加混响时，即可直接使用了。这样做能够保证各段录音处理后的效果一致。

③ Audition 3.0 自带的效果器种类非常多，其他常用的还有添加"完美混响""变速/变调"等，修饰歌唱使用"完美混响"效果比较合适。如果想把伴奏音乐的音调改变，以适合自己演唱，则必须使用变调功能，读者可自行尝试。

# 2.5　音频文件的合成

在日常学习、工作、生活中，只掌握上述音频文件的提取与处理还往往不能满足需要，经常会有将这些音频进行合成的需求。本节，我们通过"配乐朗诵""多曲组合""自唱歌曲"三个常用实例的介绍，学习音频合成所涉及的常用操作技能。

## 2.5.1　配乐朗诵的制作

### 1. 准备工作

对于此类带有作品设计意义的制作应养成一个习惯，先建立一个文件夹（如："配乐朗诵"）用来保存所有相关文件。将背景音乐、朗诵文字保存到该文件夹中，也应把录制好的朗诵音频文件保存在这个文件夹中（见图 2-65）。

### 2. 多轨合成

（1）导入音频

将背景音乐、朗诵导入（如果遇到的是 Adobe Audition 3.0 不能识别的音乐格式，可以先用格式转换软件进行转换）。如果是在"编辑查看"界面导入音频文件的，则需切换到"多轨查看"界面后再进行后续操作，如图 2-66 所示。

图 2-65　　　　　　　　　　　　　　图 2-66

（2）将两个音频插入到音轨

在左窗格音频文件上右击，在弹出的快捷菜单中选择"插入到多轨"命令，这种方式的插入位置由插入前音轨区域"黄色虚线"的位置而定。常用的比较简单的方法是将两个音频分别拖入到各自音轨中（见图 2-67）。此时，单击"播放"按钮即可同时听到两个音频文件的合成声音了。

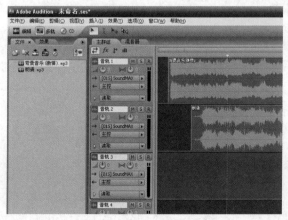

图 2-67

（3）保存"会话"

为了在这次没时间完成下次可以接着做，也为了便于以后做进一步的修改，应保存一个被 Adobe Audition 3.0 称为"会话"的文件。保存"会话"的菜单操作方法是，选择"文件"→"保存会话"选项（快捷键【Ctrl+S】），在弹出的"保存会话"对话框中选择保存位置及文件名（此例为"配乐朗诵.ses"，见图 2-68）。

图 2-68

保存"会话"文件后，"配乐朗诵"文件夹中多出一个"会话"文件（见图 2-69）。

图 2-69

（4）调整波形位置

在要调整位置的波形上按住鼠标右键拖动可以改变波形位置或所在音轨位置，一般应先使背景音乐顶到音轨的最左端，再拖动朗诵波形的位置，通过反复试听确认"朗诵"的起始位置（见图 2-70）。

图 2-70

（5）调整音量

如果"背景音乐"与"朗诵"音量不协调（一般是"背景音乐"的音量过大），可双击"背景音乐"所在的音轨，切换到可对其进行编辑的"编辑查看"界面，全选波形（快捷键【Ctrl+A】），使用前面讲过的做法调整波形振幅。试听效果，如感觉不合适，则反复改变几次，直到满意为止。

（6）设置背景音乐的淡入/淡出

先将"背景音乐"剪辑到合适的长度（选中后按【Delete】键删除），选用的背景音乐一般是大段音乐中的一部分，这就会有"背景音乐"突然出现，并等"朗读"结束后又会出现戛然而止的现象，这就需要对"背景音乐"添加淡入/淡出，这里介绍两种添加方法：

方法一（在"编辑查看"界面上操作）：

① 切换到"编辑查看"界面，在"背景音乐"的起始部分选取一段波形，而后选择"效果"→"振幅和压限"→"振幅/淡化(进程)..."选项，弹出"振幅/淡化"对话框，如图 2-71 所示。

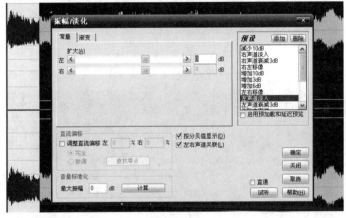

图 2-71

② 选择"渐变"选项卡，向左拖动"初始音量"滑块使其为负值（见图 2-72），也可以调到最左端使其为最小值。单击"试听"按钮试听效果，满意后单击"确定"按钮。

③ 在"背景音乐"的结束部分选取一段波形，重新打开"振幅/淡化"对话框，将"初始音量"滑块拖回到"0"dB 位置，将"结束音量"滑块拖为负值（见图 2-73），也可以拖到最左端（最小值）。单击"试听"按钮试听效果，满意后单击"确定"按钮。

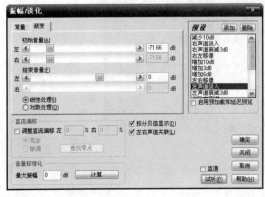

图 2-72

图 2-73

设置"淡入/淡出"后的背景音乐波形如图 2-74 所示。图 2-75 所示为切换回"多轨查看"界面时两音轨的波形。

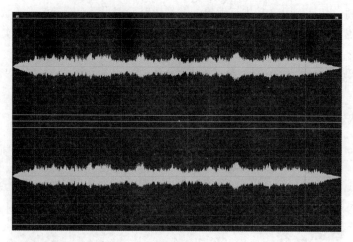

图 2-74

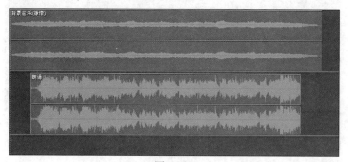

图 2-75

方法二（在"多轨查看"界面上操作）：

切换到"多轨查看"界面，在"背景音乐"的起始部分选取一段波形后右击，在弹出的快捷菜单中选择"淡化包络穿越选区"命令，再在弹出的下一级菜单中选择四种效果之一（本例选"线性"）。对结尾部分的淡出操作与此类似，完成淡入淡出设置后的波形如图 2-76 所示。

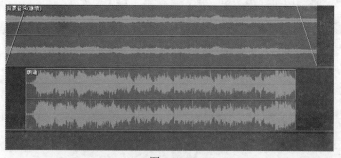

图 2-76

这两种方法虽然最终的效果听不出差别，但各有各的优劣，第一种方法虽然在进行"淡入/淡出"处理后对波形的修改是破坏性的，但却可以由此而生成一个具有淡入/淡出效果的单独音频文件；第二种方法虽然不能生成这样的音频文件，但对该音轨对应的音频文件不做修改，效果不满意时很方便的拖动控制点进行调整（见图 2-77），左端为延长淡入时间，右端为减短淡出时间后的样式。

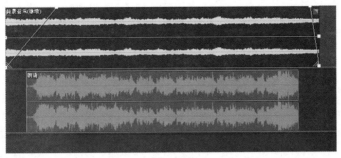

图 2-77

对此例，使用第二种方法更简便快捷一些。

（7）保存"会话"文件

如果在"编辑查看"界面对波形做过处理，那么当按【Ctrl+S】组合键保存"会话"文件时会弹出图 2-78 所示的对话框，提示是否保存修改后的音频文件。

图 2-78

单击"是"按钮只保存当前提示的文件，单击"全是"按钮则保存所有改动过的音频文件，如果单击"否"按钮表明放弃对波形的修改。此例自然应当单击"全是"按钮。

### 3．导出成品

我们最终所要的是两个音轨合成以后生成的音频文件，对整体效果满意后，可以选择"文件"→"导出"→"混缩音频"选项（快捷键【Ctrl+Shift+Alt+M】），弹出"导出音频混缩"对话框，如果使用的音频素材是 MP3 格式，则此时没有必要保存为 WAV 格式［见图 2-79（a）］，还将其保存为 MP3 格式［见图 2-79（b）］。

完成后，"配乐朗诵"文件夹中又会多出一个"混缩"文件（见图 2-80）。

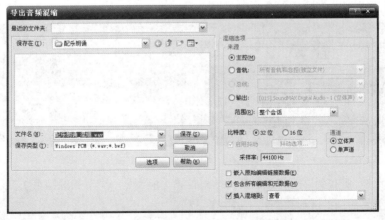

（a）

图 2-79

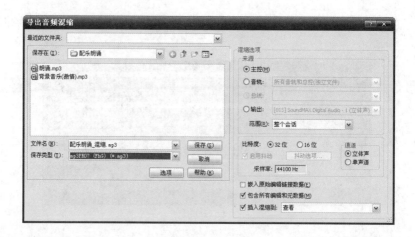

（b）

图 2-79（续）

图 2-80

## 2.5.2  多曲音乐的组合

舞蹈的伴奏音乐有时需要通过多首音乐的组合来实现，下面以两首音乐为例简要说明两种连接方式的操作步骤，细节操作与制作配乐朗诵有许多相同的地方。当然，如果是正式制作，也应事先建立一个文件夹，用来保存所有相关文件（如"舞曲联奏"）。

### 1. 由第一首直接切换到第二首

① 将两首舞曲导入并插入到音轨中（见图 2-81）。

图 2-81

② 通过播放试听找到第一首舞曲新的结束位置（应当是一个节拍的结束），以此为鼠标拖拽起点，选中该音轨后面的波形并删除（见图 2-82）。

③ 找到第二首舞曲新的开始位置（应当是一个节拍的开始），以此为鼠标拖拽起点，选中该音轨前面的波形并删除（见图 2-83）。

如果不便于准确地找到删除位置，可以事先单击按钮将波形散开后确定。

图 2-82

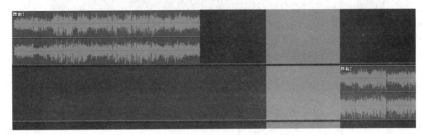

图 2-83

④ 按右键拖动"音轨 2"中的第二首舞曲，使之起点与第一首舞曲的终点在水平方向上对齐（见图 2-84）。软件的"吸附"功能可以使这项操作变得非常简单。

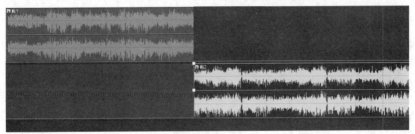

图 2-84

⑤ 在第一首舞曲结束前一些的位置单击，定位播放起点，试听由第一首舞曲到第二首舞曲的切换效果。如果感觉别扭，可以撤销操作重新找第一首的终点和第二首的起点。为了比较准确地找到节拍的起始和终止位置，应当单击"水平放大"按钮 ，将波形"散开"后再进行剪辑操作。

如果是同一首音乐的两部分组接，则应事先将该音乐再复制一份，再采用上述的方法进行组接，否则虽然可以将同一首音乐拖动到两个不同的音轨中进行上述操作，但由于剪辑的是同一首音乐，对某一音轨的剪辑会使另一音轨也发生同样的变化，而无法达到目的。

⑥ 导出"混缩音频"后的成品文件，为了便于修改，也应保存"会话"文件。

**2．由第一首逐渐过渡到第二首**

最初的几步同上，只是要对第一首音乐在结束处添加"淡出"效果，对第二首音乐在开始处添加"淡入"效果（见图 2-85）。

指向"音轨 2"中的第二首音乐，按住鼠标右键向左拖动，使其波形与"音轨 1"中第一首音乐的波形位置部分重叠（见图 2-86）。

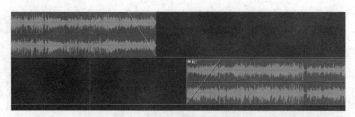

图 2-85

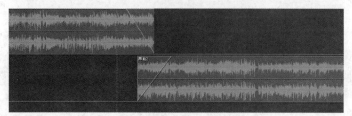

图 2-86

为了避免覆盖上一个"会话"文件，可以另存一个"会话"文件（快捷键【Ctrl+Shift+S】），并导出"混缩音频"后的成品文件。

自然也可以采用与"配乐朗诵"相同的方法通过在"编辑查看"界面下对波形进行淡入淡出处理来达到目的，但出于对保护原音频文件的考虑，也为了修改方便，建议采用"多轨视图"界面下的操作方法。业内将从前一曲切换到后一曲根据组接方式的不同分为"硬切"（前曲直接到后曲，需要切在节拍上，否则听起来会很不舒服）、"V 切"（前曲淡出结束、后曲淡入）、"X 切"（前曲淡出的过程中后曲淡入）。

### 2.5.3　跟随伴奏录制自唱歌曲

前面讲解"配乐朗诵"时为了便于初学者接受，采用了先录制好朗诵，再与背景音乐合成的办法。其实也可以在导入音乐后听着背景音乐录制朗诵，我们把这种方法留给必须使用跟着音乐录制的实例——"跟随伴奏录制自唱歌曲"讲解。

录音前的准备工作同前，不再赘述，后续操作步骤大体如下：

#### 1．插入伴奏音乐

运行 Adobe Audition 3.0，切换到多轨操作界面，导入所要录制歌曲的伴奏音乐文件，将伴奏音乐插入到右窗格"音轨 1"中（见图 2-87）。

图 2-87

**2．录制自唱歌曲**

（1）开始录音

保存"会话"文件后（需先保存"会话"文件才能进行后续操作）单击"音轨 2"上的"录音备用"按钮 🄡 （红色显示），单击界面左下方的红色"录音"按钮 ●，跟随伴奏音乐开始演唱和录制（见图 2-88）。

图 2-88

（2）录音过程

图 2-88 所示中"音轨 2"的起始位置之所以有一段没有波形的空缺部分，是因为在音乐前奏阶段没有歌唱，"音轨 2"右端的白色竖线提示的是当前的录音位置，"音轨 2"中的色块会随着演唱自动向右扩展，争取一气呵成唱完。

（3）结束录音

唱完后，单击界面左下方的"停止"按钮 ■ 结束录音，波形如图 2-89 所示。再单击"播放"按钮 ▶ 即可听到在音乐伴奏下的歌唱效果了。

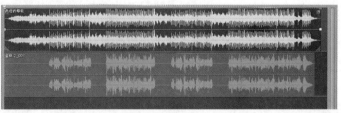

图 2-89

（4）重录或补录

如果整体效果不理想，可以删除（单击波形按【Delete】键）"音轨 2"中的波形重新录制，如果只是局部不理想（节拍不准、高音不够等），可以先单击"音轨 2"中的"录音备用"按钮使之失效，再单击其他空闲音轨（如"音轨 3"）中的"录音备用"按钮 🄡 （红色显示），跟随伴奏重录不理想的部分（见图 2-90）。此时左窗格中显示除伴奏音乐外还有自动生成的两个音频文件（这两个文件会自动保存在与"会话"文件同级的文件夹下的"自唱歌曲_已录音"文件夹中）。

（5）删除局部波形

录完后，先单击"水平放大"按钮将波形散开，如果所要删除的波形跑到界面之外了，可以拖动"音轨 1"上方的"水平滚动条"使要选择的波形呈现在界面中。在"音轨 2"中拖动鼠标选择要删除的那部分波形［见图 2-91（a）］，按【Delete】键将这部分不理想波形删除［见图 2-91（b）］。

图 2-90

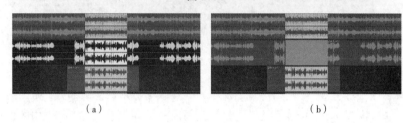

（a）                                （b）

图 2-91

### 3. 自唱原声的修饰与作品保存

双击"音轨 2"及"音轨 3"切换到对其进行编辑的"编辑查看"界面，对人声进行前面讲过的"降噪""图示均衡""振幅""混响"等处理，每处理一步都应反复试听效果满意后保存"预设效果"，再应用到全部自唱波形中。

最后，切换回"多轨查看"界面，试听整体效果满意后，再次保存"会话"文件（快捷键【Ctrl+S】），并选择"文件"→"导出"→"混缩音频"选项（快捷键【Ctrl+Shift+Alt+M】），导出一个成品文件。

本节的两点说明：

① 如果是在已有的"会话"文件基础上做修改，又不想覆盖原"会话"文件，可以在"文件"下拉菜单中选择"会话另存为"（快捷键【Ctrl+Shift+S】），换名或换位置另存。此时应当注意，对在新的"会话"中修改过音频文件也必须在"编辑查看"界面下换名或换位置另存，否则原会话文件用到的音频文件会因为这个"会话"文件对音频文件的改动而不再是原来的效果了。

② 如果两段音频的"采样率"不同，在将另一段音频插入到另一个音轨时，Adobe Audition 3.0 会根据先放入音轨的那个音频文件的采样率提示修改后放入音轨的采样率（见图 2-92）。单击"确定"按钮进行后续操作即可，只是左窗格里会多出转换后的音频文件。如果感觉这样有点"乱"，也可以使用前面讲到的"录制在线播放音乐"的办法，事先把用到的音频转录成相同的采样率后再进行合成操作。

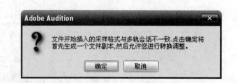

图 2-92

# 小　结

　　本章针对日常学习、工作、生活中经常会遇到的音频相关问题提供了常用的解决方法，介绍了音频的相关概念及常见的音频格式。在音频的采集方法中详细介绍了多种方法（录制现场声、录制网络在线播放音乐、通过 Internet 临时文件夹提取等、CD/VCD 光盘提取、格式转换等），这些采集方法的掌握，使得采集任何形式的音频都不在话下。

　　较为详细地讲述了常用的音频处理技术，读者应通过实例操作重点掌握"音频的剪辑""降噪""图形均衡器""房间混响""完美混响""波形振幅""淡入/淡出"等相关操作。

　　最后，以"配乐朗诵""多曲组合""自唱歌曲"为例，讲解了音频的合成技术。由于 Adobe Audition 3.0 软件的功能过于繁杂，限于篇幅，只是介绍了其常用功能，读者在掌握了上面的操作后，可自行体会其他功能的用法。

# 思　考　题

1. 当两人合唱同一首歌时，能够分辨出是谁的声音，从理论上讲原因是什么？
2. 正常能够听到的声波频率范围是多少？高于或低于这个范围的声波分别被称作什么波？
3. 简述模拟音频与数字音频的区别。
4. 声音质量一般由哪三个主要因素决定？
5. *.wav 和*.mp3 两种格式的音频文件，哪种格式音质好？哪个占用的存储空间小？
6. 简述录制现场声前应进行哪些准备工作？
7. 简述录制网络在线播放音乐应如何进行软件设置？
8. 以提取在线播放的动画音乐为例，简要叙述其操作步骤。
9. 录音时应保持现场安静，如果在记录人声的同时也把"空调""风扇"之类的噪声记录了，应该采用 Adobe Audition 3.0 软件什么功能处理？简述处理步骤。
10. 如果想使录制的声音更清脆一些，该如何使用"图形均衡器"调整？
11. 如果想使在普通室内录制的声音有峡谷般的回音，该如何处理？
12. 如何将一段背景音乐处理成淡入、淡出的效果？
13. 简述将录好的一段人声与背景音乐合成的方法。
14. 简述将三段伴奏组成一个可以连续播放的整段伴奏音乐的方法。
15. 简述采用"现场合成"的方式直接录制配乐朗诵或自唱歌曲的方法？

# 第 3 章
## 图像的采集与处理

图像是人类视觉的基础，是自然景物的客观反映，是人类认识世界和人类本身的重要源泉。"图"是物体反射或透射光的分布，"像"是人的视觉系统接受的图在人脑中所形成的印象或认识，照片、绘画、剪贴画、地图、书法作品、手写汉学、传真、卫星云图、影视画面、X 光片、脑电图、心电图等都是图像。本教材主要介绍可以在计算机上存储、传输的照片的采集、处理与合成技术。

目前，这些图片素材的来源通常有"素材光盘""互联网下载""照片扫描""屏幕抓图""数码照相机"等途径。通过本章的学习，对读者掌握图像的采集、处理、合成等技术，都会是非常有益的。娴熟的图像处理与合成技术是日常生活、工作、学习中必不可少的。由于图像处理的重要性，尽管图像处理软件很多，有些也很好上手，但我们还是选择目前应用最广、最为专业的 Photoshop 软件作为图像处理的工具进行讲解。

## 3.1　图像采集的一般方法

### 3.1.1　"素材光盘"方式

前些年互联网还不够普及时，带宽不足、网上资源不够丰富，作为广告公司的图片素材通常以光盘素材为主。如果你去过广告公司，会发现那里堆放着不少的光盘，这些光盘分门别类地保存着风光、军事、体育、建筑、花卉、人物等不同类别的图片素材，另外还会有与光盘图片内容相同、印有缩略图彩页的配套检索书。

当需要某种类别的图片素材时，可以从检索书的目录中找到相对应的类别，再翻看这个类别的所有缩略图，找到满意的图片后，根据其标注的光盘序号找到光盘并将图片直接复制到计算机中备用。

后来随着宽带网普及、网速的大幅提升，从相关网站上下载图片素材的方式逐渐替代了这一方式，如图 3-1 所示。

图 3-1

### 3.1.2 "互联网下载"方式

通过互联网下载图片也有多种方式，使用比较多的是单幅图片的下载方式。所谓单幅图片下载方式就是每次只下载一幅图片，当需要某种类型的图片时，可以用 Baidu（百度）等搜索引擎搜索与所需内容相关的图片（见图 3-2）。

图 3-2

单击图 3-2 所示的百度搜索引擎右侧"更多产品"按钮，选择"图片"，弹出图 3-3 所示的界面。

图 3-3

如需要几幅"水乡"之类的图片，可在搜索栏中输入关键词"水乡"，下面会列出与水乡相关的内容，我们选择"水乡古镇"，会跳转到类似图 3-4 所示的网页，单击"百度一下"右侧的"图片筛选"按钮，可以筛选出自己需要的（如图片大小等）素材。

图 3-4

网页中显示的是缩略图，当鼠标指向该缩略图时，会显示图片大小等信息。要注意，不应下载缩略图（因为其尺寸太小，基本没什么用处），而应当单击缩略图，打开存放原图的网页，右击原图，在快捷菜单中选择"另存为"或"图片另存为"命令（因不同浏览器提示可能不同），在弹出的"保存图片"对话框中确定保存位置及图像文件名，单击"保存"按钮即可，如图 3-5 所示。

图 3-5

使用其他搜索引擎搜索图片的方法类似，不再赘述。

也有些图片素材网站是将海量图片做了分类，用户可以根据需要下载，不过，这类网站素材浏览通常是需要通过扫码，用自己常用的微信号、QQ 号自动注册登录后才能看（见图 3-6），这些网站提供了各种格式的素材，若要下载则一般要收费。

图 3-6

### 3.1.3 "照片扫描"方式

对于以前用胶片拍摄的照片，将其转换成用于计算机存储与处理的数码照片，虽然可以通过数码照相机"翻拍"的方法解决，但用扫描仪扫描要比用数码照相机翻拍所获取照片的精度高得多。

　　扫描照片时需要注意，设置扫描精度（分辨率）应不小于印刷业要求的 300dpi（像素/英寸），扫描画幅根据需要确定，够用即可，不要太大。太大了会造成图片文件容量过大，除占用过多存储空间外，也使后期处理速度减慢。

　　有些扫描仪还可以扫描底片（负片），得到的是正像（正常明暗、色彩的图像），只是色彩还原比较差，还应当用软件进行调整，而且清晰度一般。但专业级底片扫描仪的清晰度还是很高的，远远高于扫描照片所得的图像清晰度。所以如果想得到高质量的负片扫描图像，还是应当使用专业级的负片扫描仪。

### 3.1.4 "屏幕抓图"方式

　　制作演示文稿、网页、编写操作说明等会常用到计算机屏幕上显示的"桌面""窗口""对话框""列表框""按钮""图标"等提示性的图像。

　　虽然可以用计算机文化基础中学过的按【Print Screen】键和按【Alt+Print Screen】组合键分别实现"桌面取图"和"活动窗口取图"，但要对其他局部显示的内容取图还是很不方便（需要通过图像处理软件进行剪裁处理），而且即使是"桌面取图"和"活动窗口取图"也需再借助图像处理软件先粘贴在画布上再保存为图像文件。

　　QQ、微信、旺旺等聊天窗口都提供了简单的截图功能，Windows 7 自身也带了"截图工具"（见图 3-7），单击屏幕左下角"开始"按钮，可以看到（如果看不到，可以在"搜索程序和文件"栏里输入一个"图"字即可找到）。

　　这里简单介绍一种抓图软件"HyperSnap 7"的使用方法，通过它可以实现各种取图。软件安装非常简单，单击安装文件按照提示完成安装后，会在桌面上多出一个该软件的运行图标，并自动运行该软件，如图 3-8 所示。

图 3-7

图 3-8

　　运行该软件后，按【Print Screen】键和按【Alt+Print Screen】组合键与"捕捉"下拉菜单中的"全屏幕""活动窗口"作用相同，但此时会自动将"桌面"或"活动窗口"以图像的方式在该软件中打开，单击"保存"按钮可将这两类图片保存，而不需再借助其他图像处理软件。该软件的"区域""窗口"等常用功能自己尝试一下也会很快掌握，值得注意的是，为了便于浏览截图，建议将截图保存成 JPG 格式（初次使用默认格式是 PNG 格式）。

### 3.1.5 "数码照相机"方式

"数码照相机"又称"数字相机"，英文缩写为 DC（Digital Camera）。目前几乎人手一机的智能手机所具有的拍照功能也可以说就是一款数码照相机，只是限于制作成本、体积，画质要比专用的照相机差一些，但它的方便易用却是无与伦比的。

用数码照相机拍摄的照片，筛选后通过计算机导出保存在硬盘上，这种方式也是采集图片素材、拍照留念、拍摄摄影作品的一种重要途径。对一般人来讲，要比扫描仪的使用频度高很多。

至于如何把数码照相机及手机里存储卡里的照片传输到计算机上，越来越多的人已经通过交流学会了，限于篇幅，就不详细介绍了。笔者的习惯做法是，数码照相机存储卡里的照片用读卡器，手机里的照片使用 QQ "导出手机相册"功能（当然，需要手机、计算机登录同一 QQ 账号）。

# 3.2　Photoshop 软件概述及相关概念

Photoshop 的基本功能是图形、图像处理，广泛应用于网页、印刷品中的图像制作与处理及喷绘广告的制作中。

### 3.2.1　Photoshop 的诞生与发展历程

1987 年秋，美国密歇根大学博士研究生托马斯洛尔（Thomes Knoll）编写了一个叫做 Display 的程序，用来在黑白位图显示器上显示灰阶图像。托马斯的哥哥约翰洛尔（John Knoll）在一家影视特效公司工作，他让弟弟帮他编写一个处理数字图像的程序，于是托马斯重新修改了 Display 的代码，使其具备羽化、色彩调整和颜色校正功能，并可以读取各种格式的文件。这个程序被托马斯改名为 Photoshop。

洛尔兄弟最初把 Photoshop 交给了一家扫描仪公司，它的首次上市是与 Barneyscan XP 扫描仪捆绑发行的，版本为 0.87。后来 Adobe 买下了 Photoshop 的发行权，并于 1990 年 2 月推出了 Photoshop 1.0。当时的 Photoshop 只能在苹果机（Mac）上运行，功能上也只有工具箱和少量的滤镜，但它的推出却给计算机图像处理行业带来了巨大的冲击。

1991 年 2 月，Adobe 推出了 Photoshop 2.0。新版本增加了路径功能，支持栅格化 Illustrator 文件（一种矢量图文件），支持印刷四色模式 CMYK（青、品红、黄、黑），最小分配内存也由原来的 2MB 增加到了 4MB。该版本的发行引发了桌面印刷的革命，从此，Adobe 公司开发了一个 Windows 视窗版本 Photoshop 2.5。1995 年 3.0 版本发布，增加了图层。1996 年的 4.0 版本中增加了动作、调整图层、标明版权的水印图像。1998 年的 5.0 版本中增加了历史记录调版、图层样式、撤销功能、垂直书写文字等。从 5.02 版本开始，Adobe 首次为中国用户设计了 Photoshop 中文版。1998 年发布的 Photoshop 5.5 中，首次捆绑了 ImageReady（以处理网络图形为主的图像编辑软件），从而填补了 Photoshop 在 Web 功能上的欠缺。2000 年 9 月推出的 6.0 版本中增加了 Web 工具、矢量绘图工具，并增强了层管理功能。2002 年 3 月 Photoshop 7.0 发布，增强了数码图像的编辑功能。

2003 年 9 月，Adobe 公司将 Photoshop 与其他几个软件集成为 Adobe Creative Suite CS 套装，这一版本成为 Photoshop CS，功能增加了镜头模糊、镜头校正以及智能调节不同区域亮度的数码照片编修功能。2005 年推出了 Photoshop CS2，ImageReady 从人们的视野中消失，增加了消失点、Bridge（一个组织工具程序）、智能对象、污点修复画笔工具和红眼工具等。2007 年推出了 Photoshop CS3，集成了 ImageReady 几乎所有的功能，因此 ImageReady 已经不必要了，还增加了智能滤镜、视频编辑功能和 3D 功能等，软件界面也重新设计了。2008 年 9 月 Photoshop CS4 发布，增加了旋转画布、绘制 3D 模型和 GPU 显卡加速等功能。2010 年 4 月 Photoshop CS5 发布。2012 年 4 月 Photoshop CS6 发布，增加了内容识别工具、自适应广角和场景模糊等滤镜，增强和改进了 3D、失量工具和图层等功能，并启用了全新的黑色界面。2013 年 7 月，Adobe 公司推出了 Photoshop CC，目前最新版本是 Photoshop 2019 CC 。

CC 是 Creative Cloud 的缩写，即云服务下的新软件平台。对于用户而言，其主要优势在于使用者可将自己的工作转移到云平台上，由于所有工作结果都储存在云端，因此可以随时随地在不同的平台上进行工作，而云端储存也解决了数据丢失和同步的问题。

### 3.2.2　Photoshop CS 的工作界面及软件环境设置

#### 1. 工作界面

为了便于操作，应将显示器的分辨率设置在推荐的分辨率上（见图 3-9），如果显卡驱动不合适（传输的信号与显示器不能很好的配备），则可能不会显示。需要选一个相对合适的分辨率（在不超出显示器最高分辨率的前提下多尝试几个，必须注意保证界面上的文字是正方形的，否则无法准确地进行图像处理，例如本来是正圆，看上去却是椭圆）。

图 3-9

如今的显示器大都是 16：9 的宽屏显示器，图 3-10 所示为便于看清界面文字，而未最大化的 Photoshop CS3 工作界面。标题栏位于主窗口顶端，最左边是 Photoshop 标记，右边分别是最小化、最大化/还原和关闭按钮。使用时一般应使其窗口最大化。

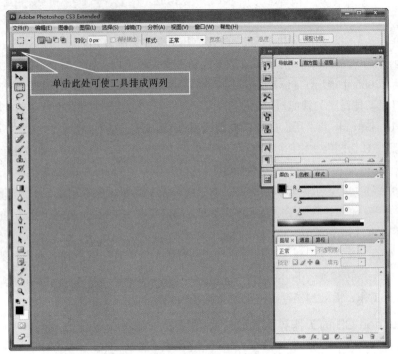

图 3-10

单击工具箱上面的"折叠与展开"按钮，界面如图 3-11 所示。

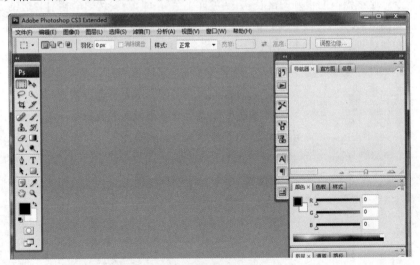

图 3-11

　　菜单栏为整个环境下的所有窗口提供菜单控制，包括"文件""编辑""图像""图层""选择""滤镜""视图""窗口"和"帮助"9 项。为了使窗口界面"标准化"（默认状态），当界面布局改变后，可以在最大化窗口后，再选择"窗口"→"工作区"→"复位调板位置"命令，使界面布局为默认状态。

　　菜单栏下方是选项栏，当在工具箱中选择某个工具后，选项栏就会改变成相应工具的属性设置选项，可根据需要更改相应选项。

中间区域是图像编辑区，它是 Photoshop 的主要工作区，用于显示图像文件。打开图像后，图像窗口带有自己的标题栏，提供了打开文件的基本信息，如文件名、缩放比例、颜色模式等。如同时打开两幅以上的图像，可通过单击图像窗口进行切换。图像窗口切换也可使用【Ctrl+Tab】组合键实现。

左边是工具箱，工具箱中的工具可用来选择、绘画、编辑以及查看图像。拖动工具箱的标题栏，可移动工具箱。单击可选中工具，选项栏会显示该工具的属性。有些工具的右下角有一个小三角形符号，这表示在工具位置上存在一个工具组，右击可看到其中包括的若干个相关工具。

右侧调板中包含有多个选项卡，根据操作需要作相应选择，如在操作效果不满意时，在"历史记录"调板中选择前面的某步操作后再重新处理。

主窗口底部是状态栏，用以显示当前所处理图像的一些信息，由于目前没有打开要处理的图像，故此栏无信息显示。

### 2. 软件环境设置

为了方便使用，并尽可能地提高处理效率，在安装完 Photoshop CS3 软件后，建议首先对该软件做如下设置。

在菜单栏中选择"编辑"→"首选项"→"性能"命令，在弹出的"首选项"对话框中设置暂存盘，如果 Photoshop CS 安装在 C:盘，则暂存盘应分别为 D、E、…，以避免同时打开大量图片处理时出现暂存盘不足而无法操作的情况。

再将"内存使用情况"中的内存占用数量的百分比提高，笔者习惯独立显卡设为 75%，板载显卡设为 65%，如图 3–12 所示。

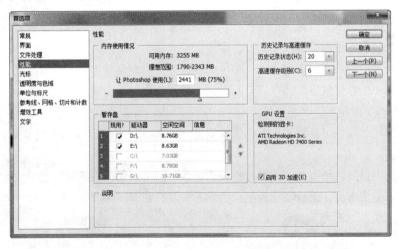

图 3–12

设置完成后，再次启动 Photoshop 时生效。而且以后除非重新安装 Photoshop，该项一般无须重新设置。

后续使用过程中，界面中的调板有可能不在最右端（见图 3–13）。可以在最大化窗口后，选择"窗口"→"工作区"→"复位调板位置"命令，使界面布局为默认状态，如图 3–10 所示。

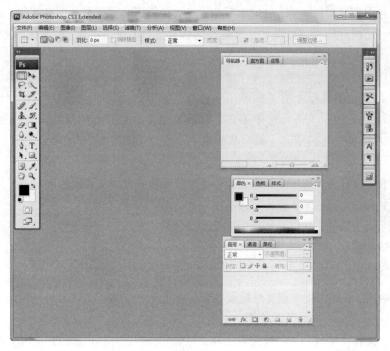

图 3-13

### 3.2.3 Photoshop 的相关概念

#### 1. 位图和矢量图

（1）位图

位图也叫点阵图像，是由很多个像素（色块）组成的图像。位图的每个像素点都含有该位置的颜色信息。一幅位图图像是由成千上万个像素点组成的。

位图的清晰度与像素点的多少有关，单位面积内像素点数目越多则图像越清晰；对于高分辨率的彩色图像用位图存储时需要的存储空间较大；位图放大后会出现马赛克，整个图像会变得模糊，如图 3-14（a）所示。

位图图形细腻、颜色过渡缓和、颜色层次丰富，Photoshop 软件生成的图像一般都是位图。

（2）矢量图

矢量图又称向量图，是由线条和节点组成的图像。矢量图可无损缩放，无论放大多少倍，图形仍能保持原来的清晰度，无马赛克现象且色彩不失真，如图 3-14（b）所示。

（a）

（b）

图 3-14

矢量图的文件大小与图像大小无关，只与图像的复杂程度有关，因此简单图像所占的存储空间很小。

矢量图比较适用于编辑边界轮廓清晰、色彩较为单纯的色块或文字。Illustrator、PageMaker、FreeHand、CorelDRAW 等绘图软件创建的图形都是矢量图。

### 2．像素、分辨率与图像大小

（1）像素

"像素"是组成数码图像的最基本元素，每一个像素具有位图图像各位置的颜色信息，位图中的每一个小色块就是一个像素。位图中单位面积上的像素数越多，图像越清晰。

（2）分辨率

分辨率是单位长度内的点、像素的数量，通常用"像素/英寸"表示。分辨率的高低直接影响位图图像的效果，太低会导致图像粗糙，在排版打印时图片会变得非常模糊；而使用较高的分辨率则会增加文件的大小，并降低图像的处理及打印速度。一般来讲，喷绘广告制作设置为 72 像素/英寸、印刷排版及大幅彩照放大设置为 300 像素/英寸。

（3）图像大小

图像文件的大小一般以 KB 和 MB 为单位表示，由图像的尺寸（宽度、高度）、分辨率和图层个数决定。图像文件的宽度、高度、分辨率、图层个数越大，图像也就越大。在改变位图图像的大小时应该注意，当图像由大变小，其印刷质量不会降低；但当图像由小变大时，其印刷品质将会下降。

### 3．三原色与三补色

三原色也常称为"三基色"，分别是"红"、"绿"、"蓝"，使用不同密度值（0～255）可以混合成各种颜色，图 3-15（a）所示是三原色密度值都为 255 时叠加的效果图。

从图中可以看出，"红""绿"相加得"黄"，"绿""蓝"相加得"青"，"蓝""红"相加得"品红"（洋红）。为了便于记忆，可以把叠加效果简化为一个"色轮图"，如图 3-15（b）所示。

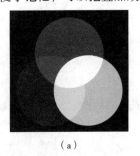

（a）

（b）

图 3-15

观察"色轮图"，可以直观地得出结论：某种颜色是相邻两种颜色的叠加，如"绿"可以由"黄"和"青"叠加而成。

通常把"黄"、"品"、"青"三种颜色称为三补色。也可以说，"色轮图"中位置相对的两种颜色互为补色，如"红"是"青"的补色、"青"是"红"的补色，"蓝"是"黄"的补色、"黄"是"蓝"的补色等。

为了便于理解，我们通过一个简单例子说明"三原色"和"三补色"。前些年用彩色胶片拍的照片，照片上"红"花、"绿"叶在底片上分别是"青"和"品红"，如果你穿的是一件黄色衣服，在底片是的颜色是蓝色。也就是说，底片上某位置的颜色是照片上相应位置颜色的补色。

### 3.2.4　色彩模式

色彩模式是图像色彩的形成方式。使用 Photoshop 处理图像常用到以下几种色彩模式。

#### 1. RGB 模式（三基色模式）

RGB 模式又称"三基色模式"，该模式下图像是由红（R）、绿（G）、蓝（B）三种基色按 0～255 的密度值混合构成，大多数显示器均采用这种色彩模式。三种基色密度值相等产生灰色；都为 255 时，产生纯白色；都为 0 时，产生纯黑色。

#### 2. CMYK（印刷四色模式）

该模式下图像是由青（C）、洋红（M）、黄（Y）、黑（K）四种颜色构成，主要用于彩色印刷。

#### 3. Lab 模式（标准色模式）

该模式是 Photoshop 的标准色彩模式，也是不同颜色模式之间转换时使用的中间模式。其特点是在使用不同的显示器或打印设备时，所显示的颜色都是相同的。

#### 4. 灰度模式

该模式下图像由具有 256 级灰度的黑白颜色构成。将彩色图像转变为灰度模式时，颜色不能恢复。

#### 5. 索引模式

该模式又叫图像映射色彩模式，这种模式的像素只有 8 位，即图像只有 256（$2^8$）种颜色，是互联网动画常用的图像模式（称为 GIF 动画）。

其他色彩模式不常用到，在此不做介绍。

### 3.2.5　图层

我们可以把图层想象成是一张一张叠起来的透明胶片，每张透明胶片上都有不同的画面，改变图层的顺序和属性可以改变图像的最后叠加效果。通过对图层的操作，可以在不影响整个图像中大部分元素的情况下处理其中的局部元素。使用它的特殊功能可以创建很多复杂的图像效果。

图层可以分为背景图层、普通图层、文字图层、形状图层等。

#### 1. 背景图层

每次使用"白色""背景色"新建画布或打开一幅已有的图像时［见图 3-16（a）］，Photoshop 会自动建立一个背景图层。这个图层被锁定在位于全部图层的最底层，同时也不能修改它的不透明度或混合模式。

若想改变背景图层与普通图层的排列顺序，需先将背景图层转换为普通图层，方法是，双击背景图层，然后在弹出的"新图层"对话框［见图 3-16（b）］中输入新图层的名称（一般不必修改，默认为"图层 0"），然后单击"确定"按钮。

（a） （b）

图 3–16

### 2．普通图层

普通图层是在操作过程中通过"新建""复制""转换"等增加的图层。通过对普通图层的操作可以得到最终想要达到的合成效果。新建图层的方法是选择"图层"→"新建"→"图层"命令，或者单击图层调板底端的"创建新图层"按钮 。新图层的默认名分别是"图层 1""图层 2"……，如图 3–17（a）所示。

如果按照透明背景方式建立新文件时，图像就没有背景图层而默认为"图层 1"了［见图 3–17（b）］。

（a） （b）

图 3–17

### 3．文字图层

文字图层是在添加文字时建立的图层，也可将文字图层转换为普通图层。常用方法是，右击文字图层，然后在快捷菜单中选择"栅格化图层"命令。

### 4．形状图层

形状图层是在使用工具箱中的"形状工具"时生成的图层。

## 3.2.6 Photoshop 的常用文件格式

### 1．PSD 格式

PSD 格式是 Photoshop 软件的专用文件格式，能保存图层、通道、路径等信息，便于以后修改。缺点是保存文件较大。

### 2．BMP 格式

BMP 格式是微软公司绘图软件的专用格式，是 Photoshop 常用的位图格式之一，支持 RGB、索引、灰度和位图等颜色模式，但不支持 Alpha 通道。

### 3．JPEG 格式

JPEG 格式是一种压缩效率很高的存储格式，是一种有损压缩方式。支持 CMYK、RGB 和灰度等颜色模式，但不支持 Alpha 通道。JPEG 格式也是目前网络可以支持的图像文件格式之一。

### 4．TIFF 格式

TIFF 格式是为 MAC（苹果树）开发的图像文件格式。它既能用于 MAC，又能用于 PC（个人计算机），是一种灵活的位图图像格式。TIFF 在 Photoshop 中可支持 24 个通道，是除了 Photoshop 自身格式外唯一能存储多个通道的格式。TIFF 采用无损压缩，用于排版印刷及使用喷绘仪制作喷绘广告。

### 5．GIF 格式

GIF 格式是由 CompuServe 公司（美国最大的在线信息服务机构之一）制定的，只能处理 256 种色彩。常用于网络传输，其传输速度要比传输其他格式的文件快很多，并且可以将多张图像存成一个文件而形成动画效果。

### 6．PNG 格式

PNG 格式是 Netscape 公司（美国网景公司）针对网络图像开发的文件格式。这种格式可以使用无损压缩方式压缩图像文件，是功能非常强大的网络文件格式。

下面通过实例把多媒体制作中常用到的*.JPG、*.PNG、*.GIF 三种文件格式的表现形式做重点讲解，以期加深对图像文件格式的理解。

## 3.2.7　有助于概念理解的几个综合示例

### 1．有助于图层等相关概念理解的示例——三原色与三补色

下面通过图 3-15（a）所示图形的制作过程，讲解基本操作技能并加深对"背景""普通""文字"三个图层概念的理解。制作过程中的每一步操作一般都可用"菜单"和"快捷键"两种方法实现，为了能够逐步地记住快捷键操作，讲述过程中对常用的快捷键予以指出，建议读者应可能使用快捷键进行相关操作。

启动 Photoshop 后的操作步骤如下：

（1）新建画布

选择"文件"→"新建"命令（快捷键为【Ctrl+N】），弹出图 3-18 所示的"新建"对话框（对话框中的当前参数可能与图 3-18（a）有所不同，取决于上一次 Photoshop 的使用），修改参数如图 3-18（b）所示。

单击"确定"按钮，弹出新建的"画布"文件，如图 3-19（a）所示，并同时在图层调板中生成一个名为"背景"的背景图层，如图 3-19（b）所示。

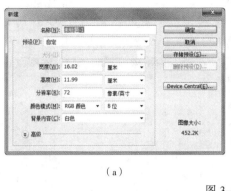

（a）　　　　　　　　　　　　　　　（b）

图 3-18

（a）　　　　　　　　　　　　　　　（b）

图 3-19

（2）新建图层

选择"图层"→"新建"→"图层"命令（快捷键为【Ctrl+Shift+N】），弹出图 3-20（a）所示的对话框。单击"确定"按钮会在图层调板中的"背景图层"上方多了一个名为"图层 1"的普通图层，如图 3-20（b）所示。

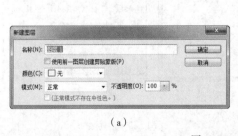

（a）　　　　　　　　　　　　　　　（b）

图 3-20

（3）建立正圆选区

在工具箱中选择"椭圆选框工具"，如果当前是"矩形选框工具"，则右击"矩形选框工具"

按钮，在弹出的快捷菜单中选择"椭圆选框工具"命令，如图 3-21（a）所示，按住【Shift】键不放，在画布上拖动出一个正圆，如图 3-21（b）所示。

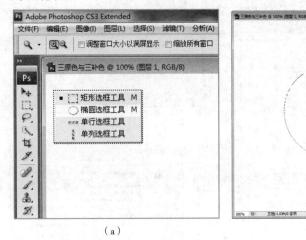

（a）　　　　　　　　　　　　　　（b）

图 3-21

此处快捷键的使用方法是，按【M】键选择当前选框工具（"椭圆选框工具"或"矩形选框工具"），按【Shift+M】组合键实现"椭圆选框工具"和"矩形选框工具"之间的轮换。

工具箱中其他工具组中的工具选择与此类似。

（4）设置前景色

单击工具箱中的"前景色"，在弹出"拾色器"对话框中按图 3-22（a）所示设置三原色的值，单击"确定"按钮后工具箱中的"前景色"即可成为红色。该例在右侧调板中调整设置更加方便〔见图 3-22（b）〕。

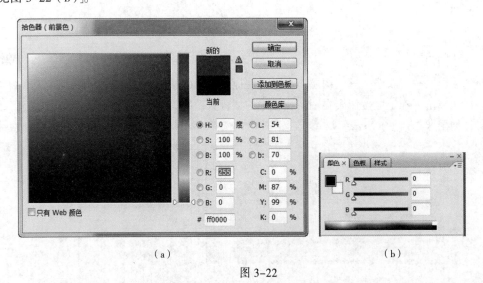

（a）　　　　　　　　　　　　　（b）

图 3-22

（5）填充前景色

选择"编辑"→"填充"命令，弹出"填充"对话框，如图 3-23（a）所示，确认使用"前景色"填充后，单击"确定"按钮，填充后如图 3-23（b）所示（快捷键为【Alt+Delete】）。

（a）　　　　　　　　　　　　　　　（b）

图 3-23

（6）保持选区不变，重复上面的步骤（2）、（3）、（4）、（5）

在新建的另外两个图层（图层 2、图层 3）上分别填充绿（0,255,0）、蓝（0,0,255）。此时图层调板共有四个图层（一个背景图层、三个普通图层），如图 3-24 所示。

（7）取消选区

在菜单栏中，选择"选择"→"取消选择"命令（快捷键为【Ctrl+D】）。

（8）移动色块位置

在工具箱中选择"移动工具" ，在图层调板中选择要移动位置的图层，用鼠标拖动三个圆形色块到合适位置 [见图 3-25（a）]。也可以使用光标移动键实现位置的准确调整。

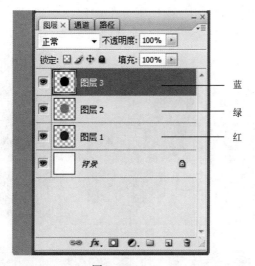

图 3-24

选择图层的简便方法是，将鼠标指针指向图层叠加区右击，会在弹出的快捷菜单中看到图层的叠放次序，在其中选择所要选择的图层即可，如图 3-25（b）所示。

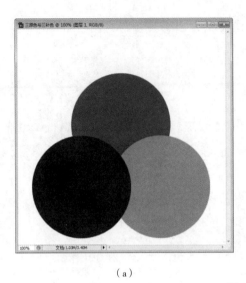
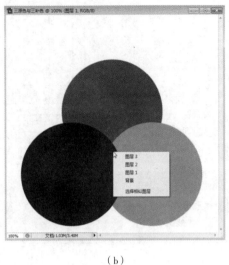

（a） （b）

图 3-25

（9）设置图层的混合模式

分别选择三个普通图层，在"设置图层的混合模式"列表框中选择"滤色"命令，如图 3-26（a）所示。由于背景图层是白色，使用"滤色"混合模式后会看不到圆形色块，如图 3-26（b）所示，将背景图层填充为黑色并将三个普通图层设置完毕即可得到图 3-26（c）所示的三原色叠加样式。

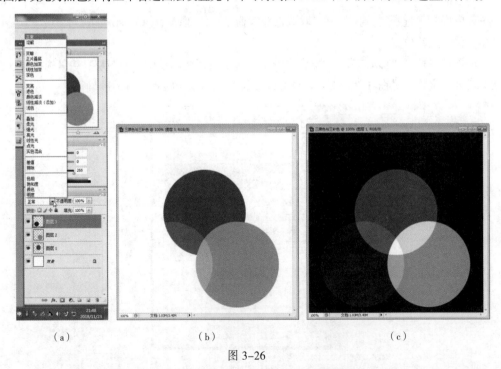

（a） （b） （c）

图 3-26

（10）添加文字

在工具箱中单击"横排文字工具"按钮 **T.**（快捷键为【T】），如果当前不是"横排文字工具"，可右击该处按钮，在快捷菜单中选择（快捷键为【Shift+T】，反复执行可轮换四种文字工具）。

　　为确保所输入的文字不被其他图层遮盖，最好先选中最上方的图层，再在画布上单击后输入文字，文字的颜色是当前情况下的前景色，单击其他工具确认文字输入。

　　如果对文字的颜色不满意，可在文字图层被选中的前提下单击文字工具 T 后将所输入的文字选中（右击，在弹出的快捷菜单中选择"全选"选项或拖动鼠标选中），再单击"选项栏"（见图 3-27）中的"设置文本颜色"按钮，在"拾色器"中设置其他颜色。如果文字大小不合适也可以单击"选项栏"中的"设置字体大小"下拉列表框，选择其他大小，或直接输入合适的值。

图 3-27

　　添加完文字后在图层调板中会出现文字图层，调整色块及文字位置后如图 3-28 所示。

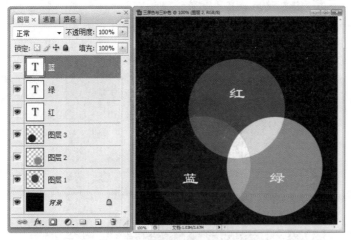

图 3-28

　　再介绍加一行变形文字的方法，在画布上方写一行字（如学生的相关信息），右击，在弹出的快捷菜单中选择"全选"选项后调整"字体""字号"及使用移动工具调整位置后如图 3-29 所示。在确认该行文字被选中的前提下，单击"创建文字变形"按钮，在弹出"变形文字"对话框中参照图 3-30 所示变形设置，再使用"移动工具"将其拖到合适位置，完成后如图 3-31 所示。

图 3-29

图 3-30

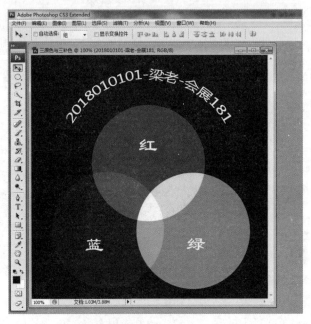

图 3-31

　　如果不小心把文字图层置于其他图层之下可将其拖到上层，如果文字太小看不清可选中后改变其大小，或干脆删掉后重新添加，这两点是初学者经常遇到的问题。

　　删除图层的方法：右击要删除的图层，在弹出的快捷菜单中选择"删除图层"命令，在弹出的对话框中单击"是"按钮，或将该图层拖动到调板下方最右端的垃圾筒 🗑 上删除。

　　对于文字还有其他常用的操作，这里只是讲了最简单的操作方法，后面将再做介绍。

　　制作完毕后应将图像以 Photoshop 的专用格式（*.psd 格式）保存，以方便做进一步的修改，如果只保存成*.jpg 格式，由于图层合并，再修改就很麻烦而且也很难如意了，所以，应该养成凡是多图层或通道改变（后续有个简单例子用到通道），均应保存成源文件格式，即*.psd 格式的习惯。

　　顺带说一下，其实这种三原色与三补色示例，大家也曾留意过，当初数码照相机普及前，都是用彩色胶卷拍照片后，送到彩扩店冲洗扩印的。底片（负片）与照片（正片）之间的彩色关系即为互补关系，即照片上的颜色为底片上颜色的补色，反之，底片上的颜色为照片上颜色的补色，如图 3-32 所示，图 3-32（a）所示为照片（正像），图 3-32（b）所示为底片样子（负像）。

（a）　　　　　　　　　　　　　　　（b）

图 3-32

## 2. 有助于图像格式等相关概念理解的示例——三种格式的显示效果

图 3-33 所示为常见的 JPG、GIF、PNG 三种图像格式在 PowerPoint 幻灯片中显示的不同效果。

图 3-33

　　该示例涉及的相关操作有：形状图层的使用、形状图层的自由变换、形状选区的创建、选区的羽化、选区内图像的复制、图像的剪裁、三种文件格式的保存等。

　　制作这三种文件格式素材的步骤如下：

（1）打开图片

用 Photoshop 打开一幅"荷花"照片，如图 3-34 所示。

图 3-34

（2）选择形状

在工具箱中右击文字工具下方的"矩形工具按钮" 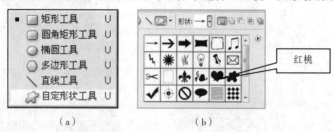，在快捷菜单中选择"自定义形状工具"命令［见图 3-35（a）］（快捷键【U】用于选择当前工具，快捷键【Shift+U】用于轮换选择其他工具）。单击选项栏中的"形状"按钮，在弹出的对话框中选择"红桃"图形［见图 3-35（b）］。

（a）　（b）

图 3-35

（3）建立"形状图层"

在画面上拖动出一个红桃图形［见图 3-36（a）］。此时图层调板生成一个名为"形状 1"的形状图层［见图 3-36（b）］。使用"移动工具"将其调整到合适的位置。

（a）　（b）

图 3-36

（4）翻转形状图层

确认形状图层被选中，在菜单栏中选择"编辑"→"变换路径"→"垂直翻转"命令。也可以使用快捷键操作，按快捷键【Ctrl+T】，右击图形，在快捷菜单中选择"垂直翻转"命令［图 3-37（a）］，在形状图形上双击应用转换，使其成为图 3-37（b）所示的样子。翻转形状图层的目标为了使形状图层的形状与睡莲吻合，同时也初步介绍了"自由变换"（快捷键为【Ctrl+T】）的使用方法。如果图形大小不合适也可以在图 3-37（a）中拖动控点进行调整。

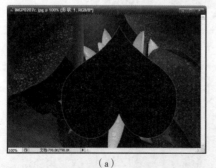
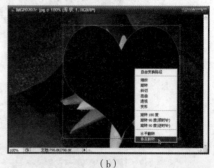

（a）　（b）

图 3-37

（5）载入"形状图层"选区

按住【Ctrl】键单击图层调板中的"形状 1"图层，建立选区，将"形状"图层拖动到垃圾筒上删除，使其变为图 3-38（a）所示的样式。

此例"形状图层"的作用只是为了获得一个与其形状相同的选区，获得选区后，"形状图层"的"历史使命"即告完成，进行后续操作前须将其删除或单击左边的眼睛按钮👁️使其隐藏[见图 3-38（b）]。

（6）羽化选区

选择"选择"→"羽化"命令（快捷键为【Alt+Ctrl+D】），在弹出的"羽化选区"对话框[见图 3-39（a）]中输入羽化值（此例设为 20）。单击"确定"按钮，使选区成为图 3-39（b）所示的样式。能够看出图 3-38 与图 3-39 中选区的变化，后者在拐角处平滑了一些，平滑的程度取决于羽化值的大小。

（a）　　　　　　　　　　　　　　　　（b）

图 3-38

（a）　　　　　　　　　　　（b）

图 3-39

（7）复制选区内容

确认背景图层被选中→按组合键【Ctrl+C】→按组合键【Ctrl+V】，复制一个局部新图层，并将背景图层左端"指示图层可见性"处的眼睛去掉（见图 3-40）。

（8）裁剪

为使图像主体（睡莲）在画面中的大小、位置合适，可使用剪切工具将可用的部分剪切下来。

方法：选择"裁剪工具" （快捷键为【C】），在要保留的范围内拖动，拖动控制点使范围进一步符合要求［见图 3-41（a）］，双击应用剪切［见图 3-41（b）］。

图 3-40

（a）　　　　　　　　　　　（b）

图 3-41

（9）保存图像文件

① PSD 格式：为了便于以后修改，首先应保存一个*.PSD 格式的 Photoshop 源程序文件，由于此时图像已不再是单一图层，所以选择"文件"→"存储"命令（快捷键为【Ctrl+ S】），会弹出"存储为"对话框，并默认*.PSD 格式等待进一步的操作（见图 3-42）而不会覆盖*.JPG原图文件。

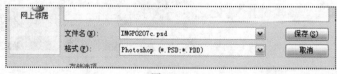

图 3-42

根据需要，可以改变保存位置及文件名（见图 3-43）。

单击"保存"按钮会弹出图 3-44 所示对话框，无需改动，直接单击"确定"按钮即可。

② JPG 格式：选择"文件"→"存储为"命令（快捷键为【Shift+Ctrl+S】），在弹出的"存储为"对话框（见图 3-45）中单击"格式"下拉列表，从中选择 JPEG 格式，图像的默认文件名为"睡莲副本.jpg"，等待进一步的操作。

图 3-43

图 3-44

图 3-45

单击"保存"按钮弹出"JPEG 选项"对话框，可根据对图像品质的要求调整品质高低（见图 3-46），单击"确定"按钮完成 JPG 格式文件的保存。

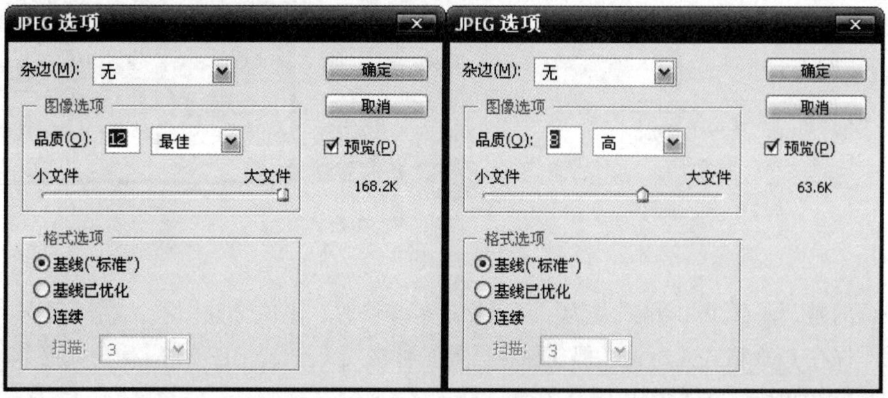

图 3-46

③ GIF 格式：选择"文件"→"存储为"命令（快捷键为【Shift+Ctrl+S】），在弹出的"存储为"对话框（见图 3-45）中单击"格式"下拉列表，从中选择 CompuServe GIF 格式（见图 3-47）。

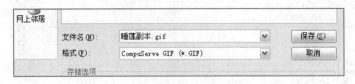

图 3-47

图像的默认文件名为"睡莲副本.gif"，单击"保存"按钮，弹出"索引颜色"对话框（见图 3-48（a），GIF 的色彩精度是 256），不做任何改动，单击"确定"按钮，弹出"GIF 选项"对话框［见图 3-48（b）］，单击"确定"按钮完成 GIF 格式文件的保存。

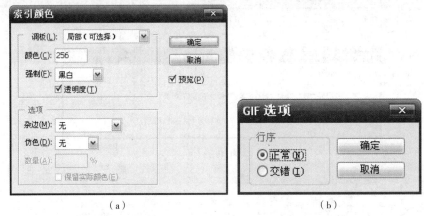

（a）　　　　　　　　　　　　（b）

图 3-48

④ PNG 格式：选择"文件"→"存储为"命令（快捷键为【Shift+Ctrl+S】），在弹出的"存储为"对话框（见图 3-45）中单击"格式"下拉列表，从中选择 PNG 格式［见图 3-49（a）］。图像的默认文件名为"睡莲副本.png"，单击"保存"按钮，弹出"PNG 选项"对话框［见图 3-49（b）］，单击"确定"按钮完成 PNG 格式文件的保存。

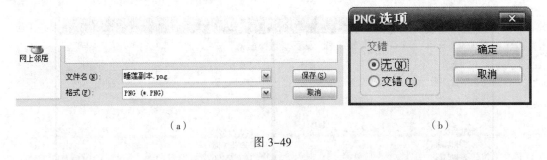

（a）　　　　　　　　　　　　（b）

图 3-49

须强调的是，保存 PSD 格式是为了便于做进一步修改，不应合并图层，"指示图层可见性"可否可见对保存 PSD 格式无所谓，但在保存另外三种格式（JPG、GIF、PNG）时则必须使"图层1"之外的"指示图层可见性"的眼睛关闭。

三种格式的图像制作完成后，将其插入到 PowerPoint 的一个幻灯片页面中，即可看到三者在 PPT 中应用时的显示效果（见图 3-33）。

该示例的制作也可以在完成第（6）步操作后，采用删除"红桃"选区之外的景物方法达到相同目的，方法是：选择"选择"→"反向"命令（快捷键为【Shift+Ctrl+I】）→确认由背景图层转换的普通图层（"图层 0"）被选中，按【Delete】键删除选区之外的景物。

注意：必须事先把背景图层转化为普通图层（"图层 0"），否则删除选区之外的景物后将会露出背景色。

### 3. 有助于背景色理解的示例——修改背景图形

该例将图 3-50（a）所示修改为图 3-50（b）所示的样式，方法如下。

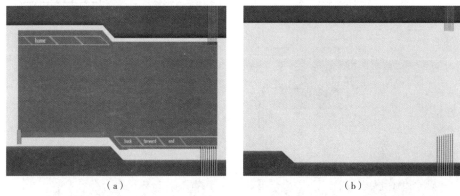

（a） （b）

图 3-50

（1）单击工具箱中的背景色，弹出"拾色器"对话框→单击中部区域要保留的颜色，确定背景颜色→使用多边形套索工具选择中部区域［见图 3-51（a）］→按【Delete】键删除中部区域中的灰色块［见图 3-51（b）］。

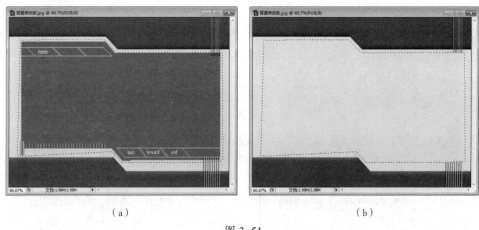

（a） （b）

图 3-51

（2）按组合键【Ctrl+D】（取消选区）→选择"缩放工具"，按住【Alt】键单击画面留出调整余地［见图 3-52（a）］→用矩形选框工具选中左上方窄条部分→按【Delete】键删除［见图 3-52（b）］。

（3）取消选区→用矩形选框工具选中右上方宽条部分→按组合键【Ctrl+T】（自由变换）［见图 3-53（a）］→向左拖动左方控制点使其成为图 3-53（b）所示的样式。

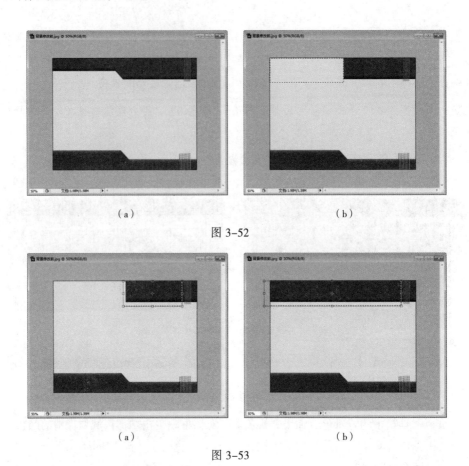

图 3-52

图 3-53

（4）应用变换→取消选区→用矩形选框工具选中右上方竖条图形的局部（下方超出的部分）→自由变换［见图 3-54（a）］→向下拖动"中下方"的控制点［见图 3-54（b）］。

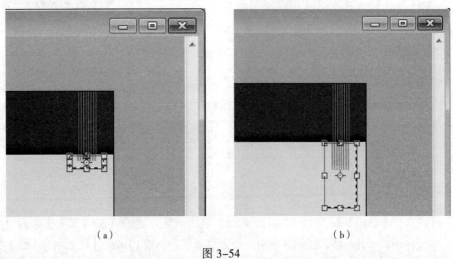

图 3-54

（5）应用变换→取消选区→用矩形选框工具将上方宽条全部选中→自由变换［见图 3-55（a）］→向上拖动"中下方"的控制点使其成为图 3-55（b）所示的样式。

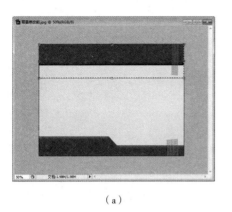 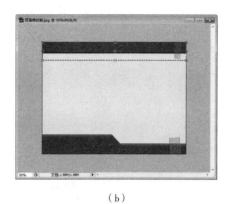

（a） （b）

图 3-55

（6）应用变换→取消选区→用矩形选框工具选中左下方局部［见图 3-56（a）］→按【Delete】键删除选中的局部［见图 3-56（b）］。

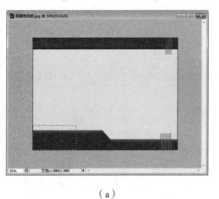 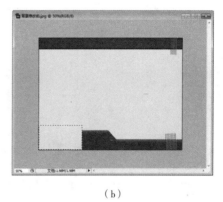

（a） （b）

图 3-56

（7）取消选区→用矩形选框工具选中宽条部分［见图 3-57（a）］→选中"移动工具"将其移动到最左端［见图 3-57（b）］，可通过光标移动键微调其位置。

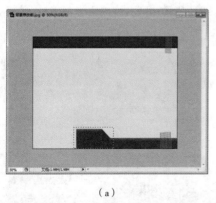 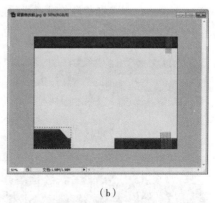

（a） （b）

图 3-57

（8）取消选区→用矩形选框工具选中下方窄条局部→自由变换［见图 3-58（a）］→向左拖动左方控制点使其成为图 3-58（b）所示的样式。

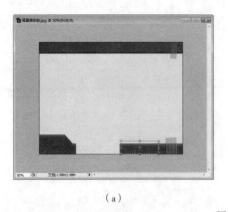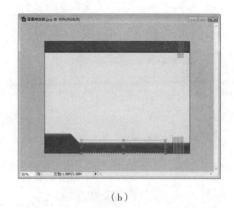

（a）　　　　　　　　　　　　　　（b）

图 3-58

（9）应用变换→取消选区→使用与第（4）步相同的方法将底条变窄［见图 3-59（a）］→应用变换→取消选区→使用与第（5）步相同的方法将竖条拉长［见图 3-59（b）］。

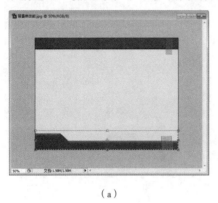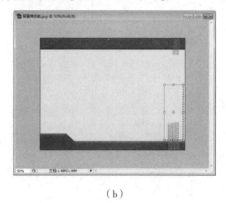

（a）　　　　　　　　　　　　　　（b）

图 3-59

该例一定要确保背景颜色与修改前的背景颜色相同，如果是别的颜色，会成为类似图 3-60（a）所示椭圆选区被删除的样子（此为采用默认的纯白背景色的情形），即删除选区内容之后看到的是白色。如果使用"拾色器"将背景色设置成与所希望的背景相同，则露出类似图 3-60（b）矩形选区被删除的样子。

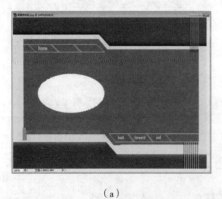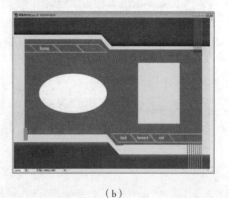

（a）　　　　　　　　　　　　　　（b）

图 3-60

该例不仅有助于理解背景色的含义，涉及的技术也是移动放置于纯色背景上图形、图片位置的常用的方法。

# 3.3 图像的处理

处理图像首先需要在 Photoshop 中将其打开，方法与其他软件打开文件的方法有一些是相同的。这里只介绍一种常用的、具有自身特点的打开方法。

在其他窗口（"资源管理器"、"我的电脑"、其他看图软件等）中找到要打开的图像文件，将其拖动到 Photoshop 图像编辑区。如果此时 Photoshop 窗口呈"最小化"状态，可将图像先拖动到任务栏上的"Adobe Photoshop"按钮上停顿片刻，待 Photoshop 窗口自动打开后，再将图像拖动到图像编辑区。注意，在拖动的整个过程中，一直要按着鼠标左键不放（对右手操纵鼠标而言）。

注意，如果对打开的图像做过处理，但没有做图层的转换及添加等处理，直接将其保存（选择"文件"→"存储"命令，快捷键为【Ctrl+S】），图像会以同名文件覆盖原图像文件。为避免误操作影响原图像文件，通常是在菜单栏中执行"文件"→"存储为"命令（快捷键为【Ctrl+Shift+S】），另存成一个文件后再进行操作。

## 3.3.1 图像的整体处理

对于采集来的图像（尤其是用数码照相机拍摄的照片）往往在尺寸大小、色彩、亮度、对比度等方面不尽如人意，需要做进一步的调整，以达到适合需要、美化图像的目的。

为了尽量使图像显示的大一些又便于操作，应使被处理的图像以"按屏幕大小缩放"的方式显示。方法是单击工具箱中的"缩放工具"按钮 🔍（快捷键为【Z】），在图像上右击，在快捷菜单中选择"按屏幕大小缩放"命令（见图 3-61），使图像以最适合 Photoshop 图像编辑区的大小显示。

图 3-61

**1. 改变图像文件的大小**

（1）将图像尺寸变小

如果要把一幅大图像用于多媒体作品的背景或是传送给网上的其他人，为了减小文件所占空间提高传输速度，也是出于对有价值作品的原作保护，应将图像的尺寸缩小后再分享给大家。

使用菜单操作的方法是，选择"图像"→"图像大小"命令（快捷键为【Alt+Ctrl+I】），弹出"图像大小"对话框［见图 3-62（a）］，从对话框中看出该图像的大小是宽度 3008 像素、高度 2000 像素，分辨率为 72 像素/英寸。确认"约束比例"复选按钮被选中的前提下，改变"像素大小"框架中的"宽度"为 800 像素，可以看到高度自动变为 532 像素，同时也能看到"文档大小"框架中的"宽度"和"高度"也发生了相应变化［见图 3-62（b）］，单击"确定"按钮确认修改，此时会看到图像在图像编辑窗口中所占的比例明显变小。

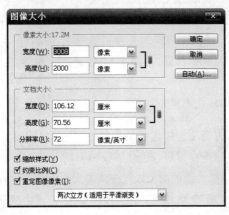
（a）

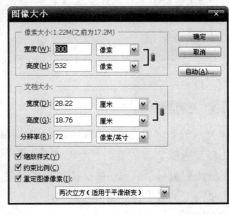
（b）

图 3-62

72 像素/英寸（也称 dpi）是常见的用于图像在计算机屏幕显示的分辨率，目前大多数单反相机照片默认 300dpi，有些为 180dpi 等其他值，也可以通过降低分辨率减小文件的存储大小，降低分辨率的同时，"像素大小"框架中的"宽度"和"高度"会发生相应变化，而"文档大小"框架中的"宽度"和"高度"不变。改变"文档大小"的宽度、高度值，即改变了相应画布的大小，关于"画布"的含义可借助后续的一个"腿部拉长"实例加以理解。

对于风景一类的照片，为了得到特定长宽比例，也可以在取消选中"约束比例"复选按钮的前提下分别调整像素大小选项组的"宽度""高度"的像素数（或"文件大小"选项组的厘米数），单击"确定"按钮完成大小调整。

需要注意的是，如果被调整的图像是人像，最好是在选中"约束比例"复选框的前提下进行，否则会使宽度、高度比例失调，造成人像变形失真（除非是有意所为）。

（2）保存图像文件

选择"文件"→"存储为"命令（快捷键为【Shift+Ctrl+S】）→在弹出的"存储为"对话框中改变保存路径及文件名（如果需要的话）→单击"保存"按钮，弹出"JPEG 选项"对话框［见图 3-63（a）］→在图像选项区设置"品质"为"中""5"［见图 3-63（b）］→单击"确定"按钮将原图另存为一个图像文件。

这样，就可以通过降低宽度和高度、分辨率、保存精度三个环节有效地实现图像文件的"缩身"。对此例，分辨率不动的前提下（72 像素/英寸），改变"像素大小"前后的图像文件大小分别为 5250KB 和 569KB，相差甚大。

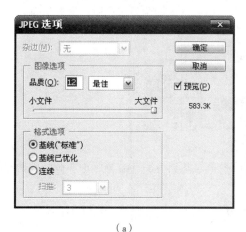
（a）

（b）

图 3-63

做以上修改时，图片属性中的照相机型号、拍摄数据等不会发生改变，图 3-64 所示为笔者拍摄的这幅示例照片的相关属性，可以看出，除图像的宽度、高度变小之外，其他均未改变。查看这些属性的方法是，"右击"图片文件，在快捷菜单中选择"属性"→"摘要"→"高级"命令。

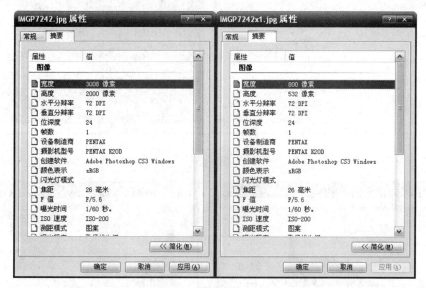

图 3-64

当然，也有不少情况是需要将图像放大的，比如大幅面照片的冲洗需要将分辨率设置为 300 像素/英寸，将宽度和高度加大，并在保存时选择最高精度 12 保存，以保证大画幅图像的冲洗质量。

**2．调整图像的色阶**

由于拍摄照片时曝光不正确、白平衡设置不当或因数码照相机成像质量等原因，照片看上去影调有些灰暗、色彩不够艳丽。建议做细致调整前可首先使用"自动色阶"功能进行初步调整，对于偏差不大的图片可以快捷地处理完毕，菜单操作的方法是，选择"图像"→"调整"→"自动色阶"命令（快捷键为【Shift+Ctrl+L】）。如果没有感觉到图像的效果的明显改善，则可在"历史记录"调板中单击所要取消的操作的上一步操作（见图 3-65），再通过手动调整"色阶"的办法调整。

图 3-65

"色阶"不是指彩色，而是指颜色的亮度，从白到黑一共划分为 256 种亮度，色阶图就是把彩色的当灰度的看，计算出其灰度分布。

图 3-66 所示为两幅曝光不正常的照片，图 3-66（a）所示图片曝光严重过度，不做处理的话几乎算是废品，图 3-66（b）所示图片曝光不足。

"色阶"的菜单调整方法是，选择"图像"→"调整"→"色阶"命令（快捷键为【Ctrl+L】），打开"色阶"对话框，可以看到两图对应的色阶分布图（见图 3-67）。

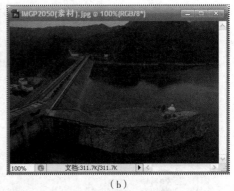

（a）　　　　　　　　　　　（b）

图 3-66

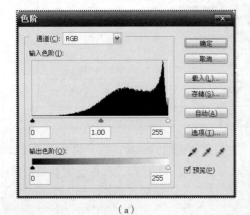
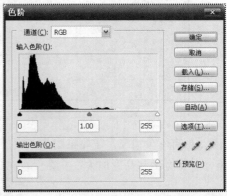

（a）　　　　　　　　　　　（b）

图 3-67

调整上面三个三角滑块的相对位置，观察图像变化（见图 3-68）。图 3-68（a）、（b）分别对应图 3-66（a）、（b），实际调整时应一幅幅分别进行，此例列在一起是为了使读者能够直观地看出曝光过度和曝光不足时色阶的区别。

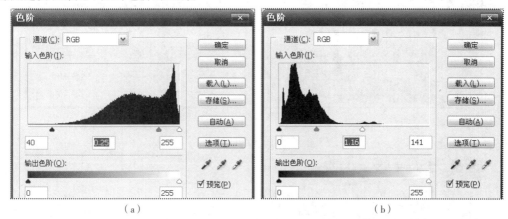

（a） （b）

图 3-68

感到满意时单击"确定"按钮，调整后的图片如图 3-69 所示，能够比较明显地看出调整前后的差别。

（a） （b）

图 3-69

### 3. 调整图像的亮度/对比度

"亮度/对比度"的菜单调整方法是，选择"图像"→"调整"→"亮度/对比度"命令，打开"亮度/对比度"对话框［见图 3-70（a）］。

并不是一定将画面调亮才好，调整后人物在逆光下呈剪影状，更显得有韵味。根据作品需求，分别调整"亮度""对比度"滑块位置，感觉基本满意时，单击"确定"按钮结束调整。图 3-70（a）和图 3-71（a）所示分别是调整前后的画面效果。

单从亮度与对比度方面看，可以达到与色阶调整相同的效果，但色阶调整在改变亮度与对比度的同时会使图像的色彩发生变化。

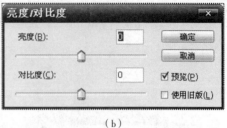

（a）　　　　　　　　　　　　　　　　　　（b）

图 3-70

（a）　　　　　　　　　　　　　　　　　　（b）

图 3-71

### 4. 调整图像的色彩平衡

调整"色彩平衡"是指调整"红""绿""蓝"三原色在一幅图像中所占的比例。也建议做细致调整前首先使用"自动颜色"功能进行初步调整，对于偏差不大的图片可以快捷地处理完毕。菜单操作的方法是，选择"图像"→"调整"→"自动颜色"命令（快捷键为【Shift+Ctrl+B】）。如果感觉不满意，可按快捷键【Ctrl+Z】撤销操作（其功能只能是撤销最近的一次操作）。

色彩平衡的菜单调整方法是，选择"图像"→"调整"→"色彩平衡"命令（快捷键为【Ctrl+B】），弹出"色彩平衡"对话框（见图 3-72）。

图 3-72

　　分别选中"阴影""中间调""高光"单选按钮，再分别调整滑块的位置，认为图像缺什么颜色就将滑块向这个颜色方向拖动，当效果基本满意时，单击"确定"按钮结束调整。

### 5．调整色相/饱和度

　　选择"图像"→"调整"→"色相/饱和度"命令（快捷键为【Ctrl+U】），弹出"色相/饱和度"对话框［见图3-73（a）］。既可以对全图统一调整，也可以针对某种颜色单独调整［见图3-73（b）中的"红色"］，一般使用"全图"调整居多。

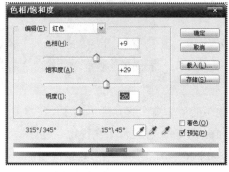

（a）　　　　　　　　　　　　　　　　（b）

图 3-73

　　调整"色相"可以改变图像的冷暖色调，调整"饱和度"可以改变图像的色彩浓度，调整"明度"可以改变图像的明暗。调整滑块位置，认为基本满意时，单击"确定"按钮结束调整。

　　由于教材插图为黑白图，体现不出色彩平衡、色相/饱和度的调整效果，故此处略去图3-72、图3-73相对应的实图的操作过程，读者可自己找一张图片做尝试，观察调整时的图像变化情况。

### 6．调整图像清晰度

（1）使图像清晰

　　如果图像不够清晰，可以通过"锐化"功能适当提高图像的清晰度。图3-74所示为编者使用原来用在胶片照相机上的一个较差的70~210 mm变焦头拍摄的习作，可以看出经"锐化"后（见图3-75）图像质量有所提高。

图 3-74

图 3-75

"锐化"的菜单操作的方法是，选择"滤镜"→"锐化"→"锐化"命令。

如果感到不够，可进行二次锐化，进行二次锐化时可使用快捷键【Ctrl+F】实现，在未关闭 Photoshop 之前，打开的图片均可直接使用快捷键【Ctrl+F】实现锐化。锐化次数不宜过多，景物一般用 2～3 次，人像一般最多只用两次。

上述的锐化方法简单、有效、快捷，是编者偏好的一种锐化操作。其他几种锐化功能（包括自 Photoshop CS3 版本起，增加了"智能锐化"功能），读者感兴趣的话可自行尝试。

（2）使图像模糊

如果特意想使图像具有朦胧感（如用于背景的图像），可以使图像模糊。菜单操作方法是，选择"滤镜"→"模糊"→"高斯模糊"命令，在弹出的"高斯模糊"对话框中根据所需模糊程度设置"半径"值（值越大越模糊），单击"确定"按钮确认调整，如图 3-76 所示。

图 3-76

如果感到模糊程度不够，可进行二次模糊，想使用与上一次相同的模糊操作，可使用快捷键【Ctrl+F】实现（其功能是实现与上一次"滤镜"操作相同的操作）。

图 3-77 所示为使用"高斯模糊"前后的效果对比图，图 3-77（b）为使用半径值为 3 像素后的模糊效果。

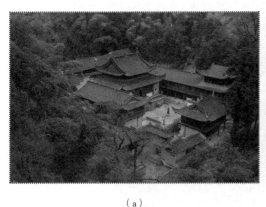 

（a） （b）

图 3-77

"模糊"处理一般用得较少，其他模糊方式读者自行尝试。对于风景照，为了达到"以虚托实"的突出主体效果，常使用该功能模糊局部。

**7. 调整图像的形变**

当下，用手机翻拍报告、证书之类的照片保留或传输是人们已经习惯了的方式，但即使是用相机翻拍时，也很难不经处理就能得到一幅诸如图 3-78 所示的中规中矩、方方面面都能达到要求的照片。

图 3-78

翻拍的照片，不仅边界上会对不正，色彩、明暗等也不尽如人意，都需要做进一步处理才能具有专业化，从而满足要求。图 3-79 所示出于示例目的，特意拍摄的出现透视感的一张照片。

将图片由图 3-79 所示效果调整到图 3-78 所示效果的步骤如下：

（1）留出调整余地：用前述方法先使图像"按屏幕大小缩放"，在确认"选项栏"中选择的是"放大"按钮 🔍 的前提下，按【Alt】键的同时单击图像使图像适当缩小以便在边缘留出操作余地（见图 3-80）。

图 3-79

图 3-80

（2）使图像处于"自由变换"状态：菜单操作方法是，选择"选择"→"全选"命令（快捷键为【Ctrl+A】)，选区为整幅图像（虚线在整幅图像的边缘）→"编辑"→"自由变换"（快捷键为【Ctrl+T】），图像边缘处在虚线上又出现了可供调节的八个控制点（见图 3-81）。

图 3-81

　　如果被操作的图层不是背景图层而是普通图层，可直接使用"自由变换"，即直接使用快捷键
【Ctrl+T】即可出现图 3-81 所示效果。

　　如果你观察平直的能力很好，可以直接拖动控制点调整，而为了便于准确的进行形变操作，
可以先拖出"参考线"。菜单操作的方法是，选择"视图"→"标尺"命令（快捷键为【Ctrl+R】），
在图像窗口的上端和左端出现"标尺"→从上端标尺处向下拖动、从左端标尺处向右拖动，将"参
考线"置于牌匾边缘处（见图 3-82）。

图 3-82

　　（3）调整形变：右击图像，在弹出的快捷菜单中选择"扭曲"命令，分别拖动四个控制点将
其调整为图 3-83 所示的效果。

图 3-83

　　（4）确认形变：效果满意后，可以单击工具箱中的任一按钮，在弹出的对话框（见图 3-84）
中单击"应用"按钮。如果感觉效果不理想可以单击"取消"按钮重新调整，如果想放弃本次调
整，可以单击"不应用"按钮。双击图像的形变区域，可以直接应用形变调整而不弹出图 3-84
所示对话框（这也是此类操作的常用方法）。

（5）取消选区：菜单操作方法是，选择"选择"→"取消选择"命令（快捷键为【Ctrl+D】），结束形变调整。

（6）裁剪出证书部分：从工具箱中选择"裁剪工具"（快捷键为【C】），拖动鼠标将证书之外的部分去掉（见图3-85），在"证书"区域双击应用裁剪。

图 3-84

图 3-85

如果感到图像明暗、色彩等不理想，可依照前面的办法做进一步的相关调整，得到最终效果图如图3-78所示。

有参考线时的裁剪会因参考线的"吸附"作用而变得简单、准确。其他"缩放""旋转""斜切""透视""变形"（Photoshop CS3新功能）等操作选项，读者自行尝试。

用照相机拍摄的照片由于种种原因往往会有一定的变形（比如在拍摄建筑、墙壁上的牌匾之类照片时，由于机位高度不够，总是会有一些透视感），也可用上述方法修改。

以上讲解了图像整体调整涉及的最为常用的技术与技巧，需要说明一点，并不是再怎么差劲的照片，也能够通过上述调整得到满意的效果，正确的曝光、聚焦、取景、构图等是获得好照片的前提，后期处理的作用是有限的，只能够起一定的改善作用。

以上图片的调整技术看上去非常简单，但要用好这些功能，则需要经过大量的调整练习才能得心应手。图片调整的好坏，既是客观存在，也是主观感受，而主观感受则因人而异、因特定需求而异，尤其是差异不大时的"好"与"坏"之分更是因人而异。为了防止调过了头而在保存时覆盖了原图片，建议初学者调整前将所要调整的图片统一复制一份，方法很简单，按住【Ctrl】键，拖放保存图片的文件夹即可生成一个"复件***"的文件夹。

"色阶""色彩平衡""亮度/对比度""色相/饱和度"的调整也是对操作者视觉观察能力的训练，最终效果一方面取决于自己对"正常"图像的主观感受，另一方面也是根据自己的特定需要。

只有经常进行这方面的训练，才能得心应手。由于本教材中的图片是黑白的，不能准确地反映彩色图片的调整效果，因此在此将效果图略去。

### 3.3.2　图像的局部处理方法

实际应用中，如果只对整幅图像进行"色阶""色彩平衡""高度/对比度""色相/饱和度"等调整操作往往不能满足要求。这时掌握图像局部的处理技术就显得十分必要了。要实现局部处理，首先要掌握选区的建立，下面通过具体实例体会选区的部分作用。

#### 1. 矩形选区的建立及相关操作

以改变全身人像的腿长为例说明画布大小的调整、矩形选区的建立及局部比例的调整方法。打开全身像素材图片，如图 3-86（a）所示。

对于全身人像，腿长一些显得好看。而在拍摄时由于机位偏高、镜头焦距短、拍摄距离较近，容易造成透视形变，使腿看上去显得有些短。通过局部调整可以在保证图 3-86 所示上半身大小不变的前提下实现腿部的拉长，如图 3-86（b）所示。

（a）　　　　　　　　　　　　　（b）

图 3-86

其操作方法如下：

① 预留操作空间：为便于操作，与前面讲过的方法相同，先使图像"满画布显示"，再确认"选项栏"中选择的是"放大"按钮 的前提下，按住【Alt】键单击图像使图像适当缩小以便在边缘留出操作余地。

② 改变画布大小：选择"图像"→"画布大小"命令，弹出"画布大小"对话框，如图 3-87（a）所示。然后参照原高度将高度增大（此例为 170 毫米），在"定位"区域选择中上部，如图 3-87（b）所示。然后单击"确定"按钮。调整画布大小后的画面如图 3-88（a）所示，能够看出画面在下方出现了一个空白区域。

③ 建立局部矩形选区：选择工具箱中的"矩形选框工具"（快捷键为【M】），只选择臀部以

下区域，如图 4-70（b）所示。

为了保证人像下半部分拉长后其背景景物也能全部随之一同拉长，达到以假乱真的效果，选择时应注意将下半部分的左右区域一并选上（从超过左右边界处开始拖动）。

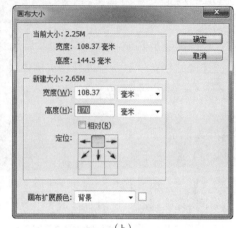

（a）　　　　　　　　　　　　（b）

图 3-87

（a）　　　　　　　　　　　　（b）

图 3-88

④ 局部形变：选择"编辑"→"自由变换"命令（快捷键为【Ctrl+T】），效果如图 3-89（a）所示。然后拖动下方的中间控制点将腿部拉长，效果图 3-89（b）所示。当感觉腿部长度满意时双击图面应用"自由变换"，能够看出处理后的腿部效果好了不少。

⑤ 画面剪裁：为了将下面留出的空间去掉，单击工具箱中的"剪切"工具 ⊐ 按钮（快捷键为【C】）然后拖动出剪切范围，拖动控制点可以调整剪切范围如图 3-90（a）所示（按住【Ctrl】键可以实现剪裁线的精确调整），然后双击画面应用剪切后的效果如图 3-90（b）所示。

（a）　　　　　　　　　　　　　　　（b）

图 3-89

（a）　　　　　　　　　　　　　　　（b）

图 3-90

当然，对于腿本来不长的人像也可以按照此办法处理。

**2．椭圆选区的建立及相关操作**

我们以将一幅图像主体的周围填充朦胧感的遮盖色为例，说明椭圆选区的建立、选区变换、选区羽化、图层复制等相关操作。

（1）建立椭圆选区

打开素材图片，然后右击工具箱左上方的"矩形选框工具"，在快捷菜单中选择"椭圆选框工具"命令。如果当前工具就是"椭圆选框工具"则可直接选择（快捷键为【M】、【Shift+M】）。接着即可在画面上拖动出一个椭圆选区，如图 3-91 所示。

图 3-91

如果选区位置不合适，可在当前是选区工具（"选框""套索""快速选择"均可）的前提下用鼠标拖动选区，或用键盘上的光标移动键微调选区到合适位置。

（2）改变椭圆选区

如果需要改变选区的大小和倾斜方向，可以通过菜单操作，选择"选择"→"变换选区"命令（方便的做法是，右击→"变换选区"），右击，在快捷菜单中选择相应选项后进行大小、旋转操作（见图 3-92），满意后双击应用变换。

图 3-92

需要注意的是，该操作尽管与前面的"自由变换"类似，但却是对针对"选区"的，不能在创建椭圆选区后，直接按快捷键【Ctrl+T】后操作，这样操作的结果不是改变了选区，而是改变了选区所选中的那部分图像（读者可自行尝试其不同）。

（3）羽化选区

为了使填充边界后具有过渡自然的效果，应给选区加适当的"羽化"，菜单操作同前，建议直接使用快捷键【Alt+Ctrl+D】，在弹出的"羽化选区"对话框中先尝试输入一个"羽化半径"数值（此例选择 30），单击"确定"按钮。

羽化值的大小取决于图像尺寸的大小、选区大小、像素数及个人喜好等，有经验后才能够一次设置合适。

（4）复制新图层

使选区内的部分成为一个新图层，菜单操作的方法是，选择"编辑"→"拷贝"（快捷键为
【Ctrl+C】）→"粘贴"命令（快捷键为【Ctrl+V】），在当前背景图层上方复制出一个新图层。单击
背景图层左端的 👁 按钮，在隐藏背景图层的情况下观看羽化效果（见图 3-93），如果不满意，则
通过"历史记录"调板中回到羽化前的一步，重新设置"羽化半径"的数值。

图 3-93

（5）填充颜色

感觉羽化效果满意后，按组合键【Ctrl+D】取消选区，单击图层调板下方的"创建新图层"
按钮，会在当前所选图层的上方创建一个新图层（图层 2），确认它位于"图层 1"的下方，如果
位置不对，可以将其拖动到图层 1 的下方［见图 3-94（a）］。

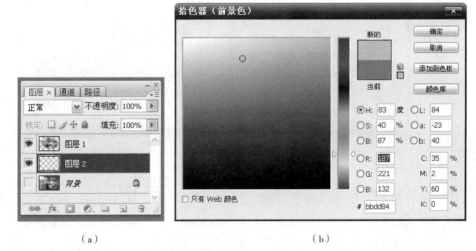

（a）　　　　　　　　　　　　　　　（b）

图 3-94

在工具箱中单击"设置前景色"，在"拾色器"对话框中［见图 3-94（b）］选择自己喜欢
的颜色（如浅绿色），建议使用"吸管"在画面中吸取合适的颜色更能使填充后的色彩与画面
和谐。

单击"确定"按钮，接下来的操作是填充前景色，建议直接使用填充前景色的快捷键【Alt+Delete】，填充后的效果如图 3-95 所示。

值得说明的一点，虽然直接在背景图层上填充也能达到同样的视觉效果，但填充后相当于把背景图层涂抹掉了［见图 3-96（a）］，保存后该图像的 PSD 格式文件再次打开时，填充前有着完整画面的背景图层中的内容就不能再被使用了。因此，建议在进行类似操作时，每做一步关键的改动，都应在创建的新图层上操作［见图 3-96（b）］，这应当作为一个良好习惯去养成。

图 3-95

（a）

（b）

图 3-96

同样的视觉效果可以有多种实现的方法，就此例来说，其实在不取消选区的前提下，"反向"选取（选中人物之外的部分，快捷键为【Shift+Ctrl+I】），直接填充在这个复制的图层（图层 1）上即可，读者可自行尝试，但这不是编者所推举的操作方法。

（6）画面裁剪

如果感觉周围填充的区域面积有些大，可以使用"裁剪工具"裁剪（方法同前）。编者这幅习作的构图、取景没太大毛病，所以无需再做裁剪。

### 3. 不规则选区的建立

要选中图像中的不规则区域（常称为"抠图"），可以有多种方法。比较简单、常用的方法是使用"套索工具/多边形套索工具/磁性套索工具"（快捷键为【L】，也可以使用快捷键【Shift+L】在三个工具之间轮换）、"快速选择工具/魔棒工具"（快捷键为【W】，也可以使用快捷键【Shift+W】在两个工具之间轮换）和"选择"菜单下中的"色彩范围"。

（1）"套索工具 ✐."的使用

操作时按住鼠标左键不放，沿所要抠图的边界移动，一般不易实现精确的抠图，适用于作画式的选区创建和对精度要求不高的抠图操作。

（2）"多边形套索工具 ✐."的使用

操作时边单击抠图边界边移动，比较容易实现精确抠图，也是最常使用的一种。

（3）"磁性套索工具 ✐."的使用

操作时边移动边单击，选区线可自动"吸附"在边界上，适用于抠图边界对比度较大的图像。

三者都可以实现对图像的局部进行任意形状的选区建立，只是使用方法略有不同而已，需要一定时间的练习才能熟练掌握，其中"多边形套索工具 ✐."因其抠图精度相对容易把握，可作为抠图的主要技能加以练习。

下面，以"多边形套索工具 ✐."为例，介绍抠图操作需进一步掌握的一些技巧，也适合于另两种套索的使用，读者可自行尝试。

①为了便于精确抠图，应将图像放大，比较常用的是，选择"缩放工具 🔍"→确认缩放工具选项栏中放大按钮 🔍 被选中→在要抠图的部位拖动鼠标［见图 3-97（a）］用矩形虚框的范围决定最终的放大效果［见图 3-97（b）］。

（a）　　　　　　　　　　　　　　（b）

图 3-97

② 在抠图过程中，当鼠标到达窗口边缘时，按住【Space】键，这时鼠标指针为小手［见图 3-98（a）］，用鼠标拖动图片，再继续抠图操作。当到达选区起始位置将要完成选区封闭时，多边形套索工具右下方多出一个小圆圈［见图 3-98（b）］，单击即可完成抠图操作。使画面"按屏幕大小缩放"可以观察整体抠图效果（方法同前）。

这种抠图操作多用于更换人物背景、多人一图合成等，图 3-99 所示为将两张人像"抠图"后放在一幅背景图片上，并对位置、大小、水平翻转等做了调整之后的效果。

③ 如果在抠图过程中单击鼠标过快（相当于双击），会提早封闭选区，自然会发现少选了一部分，想增大选区，可在要扩大的区域的起点处使第一次单击鼠标时是在按住【Shift】键的前提下进行的，此时鼠标指针多了一个"+"号（ ），后续操作同上。

④ 正常封闭选区使画面"按屏幕大小缩放"时，如果发现多选了一部分，想减小选区，可在要减小区域的起点处使第一次单击鼠标时是在按住【Alt】键的前提下进行，此时鼠标指针多了一个"–"号（ ），后续操作同上。

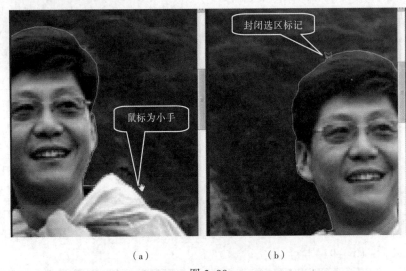

（a）　　　　　　　　（b）

图 3-98

图 3-99

⑤ 封闭选区后，应使选区平滑一些，使用菜单操作方法是，选择"选择"→"修改"→"平滑"命令，在弹出的"平滑选区"对话框［见图 3-100（a）］中设置"取样半径"（不宜过大，1 或 2 像素即可，否则影响选区精度）。再加半径为 1 或 2 的羽化［见图 3-100（b），方法同前］，

以便使抠出的像放在别的背景上时感觉边缘部分过渡自然。

（a）　　　　　　　　　　　　　（b）

图 3-100

⑥ 这种抠图操作，尤其是非常精确、细致的抠图，既使对于老手，也是一件烦人的事。所以，为了以后可能再次使用，这历经"千辛万苦"获得的精确选区应当保存起来才是。常用的保存选区的方法是，确认选区未被取消→切换到"通道"调板→单击调板下方"将选区存储为通道"按钮（　），会多出一个 Alpha 通道（第一次使用默认为 Alpha1，再次使用编号顺延为 Alpha2、Alpha3……）用以保存选区［见图 3-101（a）］。需要载入选区时，只需按住【Ctrl】键，在存储选区的通道上（此例为 Alpha1）单击即可。

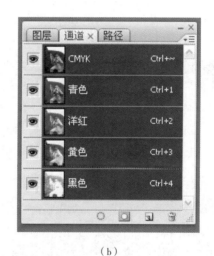

（a）　　　　　　　　　　　　　（b）

图 3-101

Photoshop 中的"通道"是存储不同类型信息的灰度图像，可分为颜色信息通道、Alpha 通道、专色通道三类。

"颜色信息通道"是在打开新图像时自动创建的。图像的颜色模式决定了所创建的颜色通道的数目，例如，RGB 模式的三种颜色（红、绿、蓝）和 CMYK 模式［见图 3-101（b）］下的四种颜色（青色、洋红、黄色、黑色），且都还有一个用于编辑图像的复合通道（"RGB"通道和"CMYK"通道）。

"Alpha 通道"是计算机图形学中的术语，指的是特别的通道，它最基本的用处在于保存选取范围（将选区存储为灰度图像），而不会影响图像的显示和印刷效果。

"专色通道"指定用于专色油墨印刷的附加印版（很少人会用到）。

一个图像最多可有 56 个通道，所有的新通道都具有与原图像相同的尺寸和像素数目。通道是一个不大好理解的概念，多做一些与通道使用相关的实例，有助于加深对通道的理解，感兴趣的读者可自行查阅相关实例的制作过程。

该例涉及的相关操作有，拖动缩放工具使局部区域放大显示、抠图过程中按【Space】键移图、按【Shift】键增加选区、按【Alt】键减小选区、平滑、羽化、使用通道存储选区等。

（4）"快速选择工具 ✎"的使用

"快速选择工具"是 Photoshop CS3 版本新增的工具，与"魔棒工具"放在工具箱的同一位置（快捷键为【W】、【Shift+W】），比"魔棒工具"的功能更强，能够利用可调整的圆形画笔笔尖快速"绘制"选区。拖动时，选区会向外扩展并自动查找和跟随图像中定义的边缘。

"快速选择工具"的选项栏中有"新选区 ✎""添加到选区 ✎"和"从选区减去 ✎"三个按钮。"新选区"是在未选择任何选区的情况下的默认选项［见图 3-102（a）］，创建初始选区后，此选项将自动更改为"添加到选区"［见图 3-102（b）］。

（a）　　　　　　　　　　　　　　（b）

图 3-102

通过更改"快速选择工具"的画笔笔尖大小，能够更方便地选取不同大小的选区，方法是单击选项栏中的"画笔"右侧的折叠按钮，从中输入像素大小或移动"直径"滑块。编者常将此功能用于背景环境较亮而人物较暗或是逆光下的人像照片中提高面部亮度时使用。

其具体方法是，将画笔笔尖大小调整适当→在人的面部上单击［见图 3-103（a）］→加适当羽化→调整选区中的"色阶""色彩平衡""色相/饱和度"等，调整后如图 3-103（b）所示。

（a）　　　　　　　　　　　　　　（b）

图 3-103

（5）"魔棒工具 ✎."的使用

魔棒工具适用于选择色彩变化不大的区域，是一种快速建立不规则选区的方法，只须在所要选择的区域单击即可。通常在使用"魔棒工具"时需要结合调整选项栏（见图 3-104）上的"容差"值来选择区域，"容差"值默认为 32，其值越大，适应的色彩变化范围越大，在同一位置单击选择的范围越大，图 3-105（a）、（b）所示为容差值分别为 16 和 56 时的效果。

图 3-104

（a）　　　　　　　　　　　　　（b）

图 3-105

（6）"色彩范围"的使用

要在现有选区或整个图像内选择指定的颜色或色彩范围，可以使用"色彩范围"命令。菜单操作的方法是，选择"选择"→"色彩范围"命令，也可以在使用选区工具的前提下右击，从快捷菜单中选择该命令。

以将图 3-106（a）所示效果调整为图 3-106（b）所示效果为例，介绍"色彩范围"的使用方法。图 3-106 所示两图中的李子没有发生变化，只是背景变暗了。

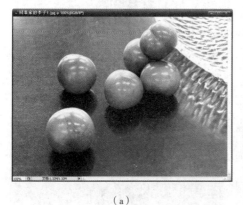

（a）　　　　　　　　　　　　　（b）

图 3-106

操作过程如下：

① 在"色彩范围"对话框中使用吸管指针在图像中的某个李子上单击取样，并调整颜色容差（第一次使用"色彩范围"时"颜色容差"默认为 40），预览由于对图像中的颜色进行取样而得到的选区。白色区域是选定的像素，黑色区域是未选定的像素，而灰色区域是部分选定的像素［见图 3-107（a）］。通常需要反复几次取样和调整"颜色容差"，直到基本满意后，单击"确定"按钮完成操作后的选区如图 3-107（b）所示。

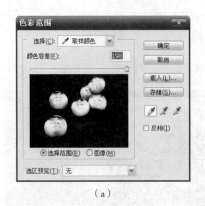
（a）

（b）

图 3-107

② 为使调整时边界过渡柔和，应加一定的羽化（快捷键为【Alt+Ctrl+D】，此例半径值为 10
像素），确认羽化后的选区效果如图 3-108（a）所示。因要调整背景故应使选区反转，选区反选
的菜单操作方法为，选择"选择"→"反向"命令（快捷键为【Shift+Ctrl+I】），选区反转后的效
果如图 3-108（b）所示。

（a）

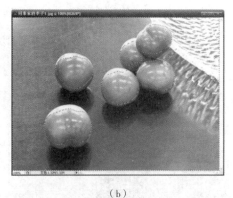
（b）

图 3-108

③ 调整背景色阶［见图 3-109（a）］，完成后的最终效果如图 3-109（b）所示。

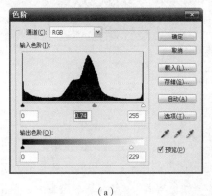
（a）

（b）

图 3-109

用"色彩范围"建立选区有点类似使用"魔棒工具"，只是可以把色彩相近的区域一次载入选
区，如果使用"魔棒工具"则须要按住【Shift】键反复单击李子才行。

4．"仿制图章工具"的使用

仿制图章工具将图像的一部分绘制到同一图像的另一部分或绘制到具有相同颜色模式打开的图像的另一部分，也可以将一个图层的一部分绘制到另一个图层。仿制图章工具对于复制对象或修饰图像中的缺陷非常有用。

在使用仿制图章工具时，首先应从所需拷贝（仿制）的区域上设置应用到另一个区域上的取样点（【Alt】+单击），并在另一个区域上绘制。如果在选项栏中选中"对齐"复选按钮 ，则无论单击或拖动多少次，都可以重新使用最新的取样点，绘制的图像是连续的。当复选按钮"对齐的"处于取消选择状态时，将在每次绘画时重新使用同一个样本像素，绘制的图像将重复取样点的图像内容。

（1）基本用法示例

下面以从一幅照片［见图 3–110（a）］上取样将其绘制到另外两张空白画布［见图 3–110（b）、图 3–110（c）］为例，说明"仿制图章工具"的用法。

（a） （b） （c）

图 3–110

① 创建等大画布：打开取样用的素材，查看图像大小，菜单操作方法是，选择"图像"→"图像大小"命令（快捷键为【Alt+Ctrl+I】）。根据弹出的"图像大小"对话框［见图 3–111（a）］中的相应数据新建两个白背景的画布［见图 3–111（b）］。

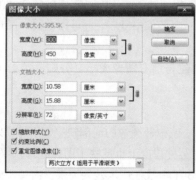 

（a） （b）

图 3–111

　　这里建议采用一个非常简便的做法，打开取样用的素材后，按【Ctrl+A】组合键（全选）→按【Ctrl+C】组合键（复制）→按【Ctrl+N】组合键（新建），便会弹出与素材的大小、模式、分辨率等属性完全相同的"新建"对话框［与图 3-111（b）完全相同］，再单击"确认"按钮即可。

　　② 设置"画笔预设"选取器：从工具箱中单击"仿制图章工具"按钮（快捷键为【S】、【Shift+S】可在"仿制图章工具"和"图案图章工具" 之间轮换）后，单击"选项栏"中的"画笔"右端下拉按钮，弹出"画笔预设"选取器。图 3-112（a）所示为第一次使用时默认的"描边缩略图"，为了能够方便、直观地选择图章的大小，可以单击"主直径"右端的三角按钮，在列表中选择"小缩略图"选项，选择后如图 3-112（b）所示。

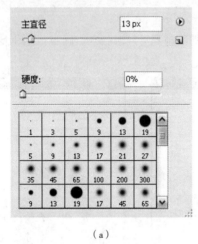

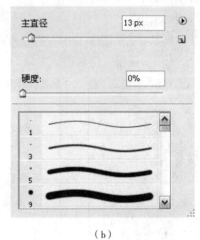

（a）　　　　　　　　　　　　　　　　　　（b）

图 3-112

　　"画笔预设"选取器打开的简便方法是选择图章或与画笔相关的工具后右击。

　　③ 采样：根据取样素材头部的大小选择适当大小的画笔笔尖（此例可为圆形 100px 左右），按住【Alt】键在素材头部单击（采样）。

　　④ 选中"对齐"复选框后的绘制：在"选项栏"中选中"对齐"复选按钮，在新建的画布上单击或拖动鼠标，无论拖动或单击几次，制作出图像与原来景物相同［见图 3-110（b）］。

　　⑤ 取消选中"对齐"复选框后的绘制：如果不选中"对齐"复选按钮，再在另一幅新建的画布上单击或拖动鼠标，制作出的是和拖动或单击次数相同的多个头像局部［见图 3-110（c）］。

　　"仿制图章工具"不仅可以从一幅图像中采样，另一幅图像中复制，也可以在同一图层或不同图层中使用，方法类似。

　　该例涉及的一个实用的操作技巧，即如何快速创建与已有图像大小、分辨率等参数相同的画布。

　　（2）修饰画面示例

　　"仿制图章工具"还可以去除图像中不想要的内容，或弥补图像的局部缺陷。用好"仿制图章工具"可以使处理过的图像达到"天衣无缝"的效果，某种程度上也反映了图像处理水平的高低。下面以去掉图 3-113（a）所示后面的游人使其成为图 3-113（b）所示效果为例，进一步介绍其使用方法。

（a）　　　　　　　　　　　（b）

图 3-113

① 放大局部：打开素材图片→单击"缩放工具"按钮 （快捷键为【Z】）→确认缩放工具选项栏中放大按钮 被选中→在要去掉的游人处拖动鼠标使被修饰处放大以便于操作［见图 3-114（a）］。

② 替换：单击"仿制图章工具"按钮→根据腿部的宽度确定画笔"主直径"的大小（一般应选择"柔角像素"并比要去掉的区域小一些）→取消选中"选项栏"中的"对齐"复选按钮，按住【Alt】键不放，在腿部附近单击取样→放开【Alt】键，在要去掉的部位单击（或拖动）→反复多次使被修改处与相邻区域大体一致（实际上是用旁边的局部图像"替换"了它），如图 3-114（b）所示。

（a）　　　　　　　　　　　（b）

图 3-114

③ 替换其他部分：完成了一部分"替换"操作后按住【Space】键（这时鼠标指针为小手），用鼠标拖动图片使上面要"替换"的部分露出来，用同样的方法完成上半部分的"替换"，（此时，画笔"主直径"的大小应根据被替换人物的大小而重新选择）。

④ 借助选区替换：为使替换相对准确一些，可事先在要替换的区域建立选区［见图 3-115（a）］，所建立的选区不必太精确。接下来再从一旁"采样"→"替换"选区内的内容，此时，由于事先建立了选区，使用"仿制图章工具"时只对选区内有效［见图 3-115（b）］。取消选区后再用小直径画笔对选区边界处做进一步的修饰。

（a）

（b）

图 3-115

⑤ 完善：使图像以"按屏幕大小缩放"观察整体效果，如不满意，再使用上述相同的方法进行完善。

在"仿制图章工具"的使用过程中，画笔"主直径"的大小不一定是一成不变的，应根据被"替换"的复杂程度重新选择（画面越复杂主直径越小）。

"仿制图章工具"还经常用在去掉地面杂物、去掉图像上的文字、去掉面部杂点、添补破损的局部等操作，应多加练习，熟练掌握。

# 3.4  图像的合成

前面操作技能的掌握，为本节图像合成奠定了基础，制作广告海报、插画、壁纸等平面设计作品都会用到 Photoshop 的图像合成功能。本节选用两个常用的图像合成实例，讲解合成图像的基本方法。

## 3.4.1  替换局部区域的图像合成

单独的一幅图片往往缺乏美感，图 3-116（a）所示的天空部分就显得平淡，可以另找一幅"蓝天白云"类的图片［见图 3-116（b）］，将它们合成为图 3-116（c）所示的效果。

（a）　　　　　　　　　　（b）　　　　　　　　　　（c）

图 3-116

通常可以采用如下操作步骤：

## 1．素材的准备

利用搜索引擎从网上搜索一两张建筑图片和几张"蓝天白云"类的图片，在此我们以学校的一幢宿舍楼和从网上下载的一幅"蓝天白云"图片为素材，进行合成。

## 2．素材的导入与合成

（1）启动 Photoshop 打开两张素材照片（见图 3-117）。

图 3-117

（2）添加图层：单击工具箱中"移动工具"按钮 ，将"蓝天白云"图片拖动到"宿舍楼"图片上（见图 3-118）。

图 3-118

观察图层面板会发现在原背景图层上增加了一个图层（图层1），也就是说，对背景图层操作即是对"宿舍楼"图层的操作，而对"图层1"的操作即是对"蓝天白云"图层的操作。素材"蓝天白云"已完成了"历史使命"可以将其关闭。

（3）调整大小及位置：选中"图层1"→"编辑"→"自由变换"（快捷键为【Ctrl+T】）→拖动控制点使"蓝天白云"图片遮盖"宿舍楼"图片中的天空区域，如果位置不合适可用"移动工具"移动"蓝天白云"图层的位置。为了便于调整，可以将"图层1"的"不透明度"（图层调板右上方）降低，透出下一图层［"背景"图层，见图3-119（a）］的情况下进行调整，调整合适后再将"不透明度"调回原来的100%，完成"自由变换"、位置调整并应用"自由变换"后如图3-119（b）所示。

（a）　　　　　　　　　　　　　（b）

图 3-119

（4）移动图层位置：为了能够将"宿舍楼"图层移到"蓝天白云"图层的上方，需先将背景图层转换为普通图层（图层0），方法是，在"图层"调板中双击背景图层，在弹出的"新建图层"对话框中单击"确定"按钮，拖动"图层0"使其置于"图层1"之上（见图3-120）。

图 3-120

（5）选择"图层0"的天空区域：确认图层0为当前选定图层，选择"魔棒工具"，调整适合的"容差"（对此例采用15），按住【Shift】键不放，分别单击"宿舍楼"图片上要去掉的天空部分［见图3-121（a）］。

（6）删除选区：为了使边界过渡自然，在建立选区后，可以适当添加1~2像素的"羽化"（快捷键为【Alt+Ctrl+D】)。再按【Delete】键,删除所选区域,露出"图层 1"的天空［见图 3-121(b)］。

(7)局部修改:取消选区(快捷键为【Ctrl+D】)后,如果感觉树叶处边缘不够"干净",可以单击"缩放工具"按钮 🔍(快捷键为【Z】)→确认缩放工具选项栏中放大按钮 🔍被选中→在要处理的部位拖动鼠标使被修饰处进一步放大以便于操作→在工具箱中选择"橡皮擦工具 🖉."→选择"主直径"合适的"柔角像素"进行局部擦除,直到满意为止。

图 3-121

### 3. 添加文字

Photoshop 的前景色和背景色在默认情况下分别是"黑"和"白",单击"切换前景色和背景色"按钮 🔁可将前景色和背景色互换(快捷键为【X】);单击"默认前景色和背景色"按钮 ▣可恢复默认状态(快捷键为【D】)。图 3-122(a)、(b)所示分别为工具箱工具单列排布和双列排布时的前景色与背景色样式。

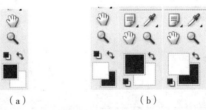

图 3-122

(1)输入文字:选择"图层 0"→按【X】键,使前景色为白、背景色为黑→用前面讲过的方法分别输入"学生公寓"和"梁越摄制"两行文字(文字大小暂设为 8 毫米),在"图层 0"上方建立两个文字图层(见图 3-123)。

(2)调整文字:

选择"学生公寓"文字图层→单击文字工具 **T.**→将文字"学生公寓"选中(方法:右击→"全选"或拖动鼠标选中)→单击"选项栏"中的"显示/隐藏字符和段落调板"按钮 ▤,弹出"字符/段落"调板［见图 3-124(a)］→在"字符"选项卡中分别设置"字体""字体大小""字符间距"和"文本颜色"等［见图 3-124(b)］。文本颜色是自己喜欢的颜色,编者通常喜欢使用吸管吸取画面中的某种颜色,以使色调和谐。

图 3-123

（a）

（b）

图 3-124

使用文字工具，确认"学生公寓"文字图层处于编辑或选定状态，单击选项栏的"创建文字变形"按钮，在弹出的"变形文字"对话框［见图 3-125（a）］中，选择"样式"为"扇形"［见图 3-125（b）］，单击"确定"按钮完成设置［见图 3-126（a）］。

（a）

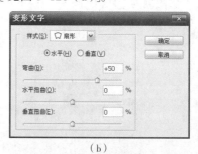
（b）

图 3-125

（a）

（b）

图 3-126

采用相同的方法对"梁越摄制"文字图层进行设置,再使用"移动工具" 将两个文字图层拖动到合适的位置[见图3-126(b)]。

(3)使文字醒目:如果文字的颜色与所处的下层图像颜色相近,文字就不大醒目[见图3-127(a)],应对文字图层进行"描边"处理。方法是,选中文字图层→"图层"→"图层样式"→"描边",弹出"图层样式"对话框[见图3-127(b)]。

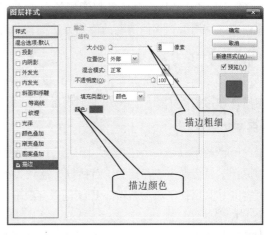

(a)　　　　　　　　　　　　　　(b)

图 3-127

描边颜色默认是红色,单击"颜色"右端的色块,在弹出的"选取描边颜色"对话框中将颜色设成一个与文字差别较大的其他颜色,对此例可设为白色[见图3-128(a)],单击"确定"按钮,回到"图层样式"对话框,根据文字大小设置"描边"的像素值(默认描边像素为3,此例设为2),单击"确定"按钮,完成文字图层"描边"操作。将两个文字图层都进行"描边"操作后的效果如图3-128(b)所示,全图效果如图3-116(b)所示。

(a)　　　　　　　　　　　　　　(b)

图 3-128

(4)若干说明:

① 输入文字时看不到大体有以下四种情况:

· 添加文字时选用的字号过小(输入文字前应注意观察文字光标的大小,及时将其调大);

· 被上方其他图层遮盖(将文字图层拖动到上层);

- 与下方图层颜色一致（更改文字颜色）；
- 还有一种情况是从网上下载的图片的分辨率很小（有的仅 1 像素/英寸），这种情况下应先将图片的分辨率提高（如常用的 72 像素/英寸）再在其上方添加文字。

② 文字变形未必好看，该例只是出于一种方法予以介绍，"字符和段落调板""变形文字"的其他功能，读者自行尝试。

③ 在除"背景"图层之外的其他图层处双击也可以调出"图层样式"对话框，其设置同样适用于其他非文字图层，其他选项的使用方法大体相近，读者自行尝试。

**4．图层的进一步调整**

如果对各图层的色彩、色调、亮度、对比度等不满意（看上去不是同一环境下的效果），可以分别选中所需调整的各个图层，采用前面讲过的图像调整方法做进一步的调整。

**5．保存文件**

由于此时已经不只是一个"背景"图层了，菜单操作"文件"→"保存"（快捷键为【Ctrl+S】）不会覆盖原图，而会弹出"存储为"对话框，默认为 PSD 格式，如果选择 JPG 格式，将会自动将两个图层合并。为了便于以后修改，建议先保存成一个 PSD 格式的 Photoshop 源程序文件，再另存成一个 JPG 文件。

本例涉及相关操作有，来自另一幅图片的图层添加、图层的自由变换、不透明度的使用、调整图层位置、使用魔棒工具创建选区、选区羽化、删除选区内容、使用橡皮擦修饰细节、文字的添加、文字的属性设置（大小、颜色、字体等）、文字的变形设置、描边等。

### 3.4.2 使用蒙版的图像合成

图 3-129 所示为编者拍摄的一张习作，遗憾的是画面太静，若能有水禽在画面游动，那就可以勉强算是一幅作品了。好在还拍了鹅在水里游动的照片（见图 3-130），将其加在画面中（见图 3-131），虽已称不上是真正意义上的摄影作品，但在外行人看来已经不错了。

图 3-129

图 3-130

图 3-131

该例使用"画笔"借助"矢量蒙版"进行合成操作，过程简述如下：

### 1．导入素材

打开图 3-129 和图 3-130 两张图片，将图 3-130 拖动到图 3-129 所在的画布中（此时图 3-130 所示的图片成为"图层 1"），确认"图层 1"被选中，使用"自由变换"（快捷键为【Ctrl+T】）调整大小及位置（这里用到了"缩放"和"旋转"）。为保证长宽比例不变，应按住【Shift】键或【Shift+Alt】键拖动控制点改变大小。为了便于调整，可以采用与上例"替换局部区域的图像合成"相同的做法，将"图层 1"的"不透明度"降低，透出下一图层情况下进行调整（见图 3-132）。

图 3-132

## 2. 借助"图层蒙版"涂抹

调整合适后双击"应用变换"，再将"不透明度"调回原来的 100%。单击图层调板下方的"添加矢量蒙版"按钮 ［见图 3-133（a）］，切换前景色和背景色，使前景色为黑色、背景色为白色，选择"画笔工具 ✏"，在"画笔预设"选取器中选择适当的柔角大小，在"图层 1"右上方的边缘处涂抹，使边缘呈羽化的过渡效果，此时蒙版上呈涂抹样子［见图 3-133（b）］。

（a）

（b）

图 3-133

需说明的几点：

（1）虽然使用"橡皮擦工具"也可以达到这种合成效果，但对图层的擦除是具破坏性的，尽管操作过程中如果感觉不满意还可以退回到"历史记录"调板中前面的操作步骤重新涂抹，而一旦保存、关闭后再打开，就不能恢复原貌了。

（2）使用矢量蒙版的好处在于涂抹的操作是在"矢量蒙版"上进行的，只要不合并图层无论何时都可以右击"图层蒙版缩览图"，从快捷菜单中选择"扔掉图层蒙版"命令，重新在"矢量蒙版"上涂抹。当选择"停用图层蒙版"时可使合成图像中无涂抹效果。

（3）在使用"矢量蒙版"涂抹之前，一定要确认前景色为黑色，背景色为白色。

### 3. 图层的进一步调整

如果感觉大小不合比例，可以用前面的方法，按快捷键【Ctrl+T】进一步做调整。还可根据需要对两个图层的色彩、色调、亮度、对比度进行调整，使其看上去是在同一环境下拍摄的。

### 4. 添加文字

该例使用了"直排文字工具"添加文字，方法与上例类似，读者自行尝试。最终效果如图 3-131 所示。

### 5. 保存文件

此类图像合成，花费的时间和精力比较多，因此，保存成一个*.psd 源程序文件以备以后修改是十分必要的。当然，还应当再保存一个*.jpg 格式的文件。

掌握这两个实例，已能够应对一般多媒体作品的制作，追求更多技术性操作，可参阅相关网站或教材。

## 3.4.3　图像合成作品制作流程

在日常工作中，常常感觉一幅照片不足以说明问题，需要把若干幅照片合成在一起，我们在各种场合看到的图像合成的展板、主页等比比皆是。不论是抠图还是使用图层蒙版等技术都会经常用到，娴熟的图像合成技术不仅仅是看到技术，也能从作品看出制作者的审美、观念等综合素质。因此，学习了 Photoshop 的一些技术后，完成一幅信息量较大的图像合成作品，是巩固与衡量该部分内容掌握程度的有效方法。图像合成的一般流程如下：

### 1. 构思主题

作为本课程的大作业，需要构思一个自己喜欢的、贴合专业特点的、表达个人思想的、反应当前形势的主题，如果作为应对各种需求（如某活动现场需要张挂喷绘图），则需要考虑如何使版面展示的主题符合活动要求。

### 2. 搜集素材

根据构思的主题或活动需要，收集相关图片素材，有些可以从网上下载，有些则会需要自己拍摄。

### 3. 确定画布

如果是学习过程中的练习，在确定画布时，一是要注意横幅还是竖幅更能表达主题并有特色，二是要注意大小（大作业一般要求像素 1200 左右）；如果是针对某项活动或某部门制作的喷绘图，则应按现场确定画布大小，至于分辨率，由于一般喷绘机即使是在使用写真喷绘挡进行工作时，最多也就达到 50dpi ，所以有 72dpi 足够了。

### 4. 着手制作

将所需素材拖入画布，调整大小、位置、明暗色彩等，使之整体和谐，在合适的位置添加相关文字，设置文字的颜色、字体、大小，为了醒目还应对文字做描边等修饰之类的处理。

### 5. 交流修改

一定要注意，对有可能修改的图层不能合并，如果用到的图层太多，可以将其分组，以便于操作，方法很简单，单击"图层"调板下方的"创建新组"按钮，将相关的图层拖到其内即可。

### 6．成品提交

完成后，除保存 PSD 格式外，还应根据实际需要另存为其他格式（如 JPG、TIFF 等）。

合成图像作品时建议多采用"蒙版"方式，以方便随时修改，这也是广告公司用得比较多的方法。作品应"主题鲜明""过渡自然""内容和谐""布局美观"，下面罗列几幅学生图像合成习作（见图 3-134～图 3-138），供练习时参考。

图 3-134

图 3-135

图 3-136

图 3-137

图 3-138

# 小　　结

本章介绍了图像采集的一般方法；以三原色的叠加及三种格式在 PPT 中的效果为例讲述了 Photoshop 的基本概念、常用工具的使用，为后续内容的学习奠定了基础；通过日常学习、工作、生活中常常会用到的图像处理实例讲述了图像的整体调整和局部调整方法。

通过两个实例讲述了图像合成的一般流程，是对前面讲过的内容的综合应用。图像合成并不是简单的拼凑，需要运用相关素材，通过组织、处理、修饰、融合，得到新的设计作品，达到锦上添花的艺术效果。完成一幅好的合成作品，不仅需要有娴熟的 Photoshop 操作能力，还需要有较高的艺术修养。

作为 Photoshop 的使用者来说，能熟练地使用常用快捷键，可以明显提高制作效率，也是衡量操作水平的一个方面。下面列出了本章涉及的快捷键操作。

### 1. 本章所涉及的各工具快捷键

矩形/椭圆选框（【M】、【Shift+M】）、移动（【V】）、套索/多边形套索/磁性套索（【L】、【Shift+L】）、快速选择/魔棒（【W】、【Shift+W】）、裁切（【C】）、仿制图章（【S】、【Shift+S】）、橡皮擦（【E】、【Shift+E】）、横/直排文字（【T】、【Shift+T】）、自定义形状（【U】、【Shift+U】）、缩放（【Z】）、前景色黑/背景色白（【D】）、前/背景色互换（【X】）……

### 2. 本章所涉及的快捷键操作

新建画布（【Ctrl+N】）、存储（【Ctrl+S】）、存储为（【Shift+Ctrl+S】）、全选（【Ctrl+A】）、取消选择（【Ctrl+D】）、自由变换（【Ctrl+T】）、色阶（【Ctrl+L】）、自动色阶（【Shift+Ctrl+L】）、自动颜色（【Shift+Ctrl+B】）、色彩平衡（【Ctrl+B】）、色相/饱和度（【Ctrl+U】）、新建图层（【Shift+Ctrl+N】）、羽化（【Alt+Ctrl+D】）、反选（【Shift+Ctrl+I】）、填充前景色（【Alt+Delete】）、将图层载入选区（【Ctrl】+单击图层）、增加选区（Shift+选择）、减少选区（Alt+选择）、标尺（【Ctrl+R】）、图像窗口切换（【Ctrl+Tab】）、拷贝（【Ctrl+C】）、剪切（【Ctrl+X】）、粘贴（【Ctrl+V】）、重复应用相同滤镜（【Ctrl+F】）、首选项设置（【Ctrl+K】）、浏览（【Alt+Ctrl+O】）、图像大小（【Alt+Ctrl+I】）、画布大小（【Alt+Ctrl+C】）、撤销操作（【Ctrl+Z】）……

靠死记硬背记忆这些快捷键不是一件容易的事，但如果初学者从一开始就坚持使用快捷键，是可以在不经意中自然而然记住它们的，编者在编写教材过程中，总是在介绍菜单操作方法之后就把快捷键操作列在一旁，也是想利用重复来加深记忆。

# 思 考 题

1. 简述如何从互联网上下载图片。
2. 使用屏幕抓图软件取图有哪些方便之处？
3. 简述将数码照相机拍得的照片保存到计算机中的方法。
4. 相同面积的位图和矢量图哪一种占用的存储空间大？我们用数码照相机拍摄的照片属于哪一种？
5. 图像处理中提到的三原色是哪三色？它们各自的补色是哪三色？
6. 如果将三原色设为 RGB(0,0,0)，则合成后的颜色是什么色？
7. 因使用文字工具添加图层属于什么图层？如何将其转换为普通图层？
8. 如果想要调整背景图层的位置，应如何操作？
9. 如果想创建一个正圆或正方形选区，应当使用哪个键辅助？
10. 哪些调整对数码图片使用的比较多？
11. 选区的增加、减小、交叉分别使用什么辅助键？
12. 简述使用"仿制图章"工具时，选项栏中"对齐"复选按钮的作用。
13. 简述如使用套索工具"抠图"，当进行到窗口边缘时如何移动图片？
14. 为了使图像合成的效果自然，通常应当对各图层边缘做怎样的处理？
15. 为了便于修改合成的图像，应当将其保存为什么格式的文件？"存储"及"存储为"的快捷键应如何操作？如果想更名或是保存为其他格式的文件应使用什么快捷键？

# 第 **4** 章
## 视频的采集与处理

当连续的图像变化超过每秒二十几帧（frame）画面以上时，根据视觉暂留原理，人眼无法辨别单幅的静态画面，看上去是平滑连续的视觉效果，通常把这样连续的画面叫作视频。从技术层面上讲，视频（Video）泛指将一系列静态影像以电信号的方式加以捕捉、纪录、处理、存储、传送与重现的各种技术。视频技术最早是为电视系统而产生和发展，现在已经发展为各种不同的格式，便于消费者将视频记录下来。网络技术的发达也促使视频的纪录片段以流媒体的形式存在于因特网之上并可被计算机接收与播放。

如今，拍摄视频已不仅是专业人士所专属，在几乎人手一款手机的当下，拍摄视频成了再平常不过的事，视频被广泛地应用于教学、娱乐、留念、购物、取证等各个领域。于是，学习一些与视频采集与处理相关的技术就显得很有必要了。

## 4.1　视频采集的一般方法

视频的采集途径与图像的采集类似，也可分为"现场拍摄""互联网下载""视频光盘""屏幕录像"等方式。

### 4.1.1　"现场拍摄"方式

早期一些诸如讲座、会议、外出旅游等活动场面需要使用专用摄录（摄像机、录像机）设备现场拍摄获得，20 世纪 90 年代前的摄像机和录像机是分开的（称作"分体机"）。

摄像机是获取监视现场图像的前端设备，它以影像传感器为核心部件，外加同步信号产生电路、视频信号处理电路及电源等。录像机是供记录电视图像及伴音，能通过存储介质（磁带、光盘、硬盘、闪存等）存储电视视频信号，并且过后可把它们重新传送到电视发射机或直接传送到电视机中的磁带记录器。

随着科技的进步，集成化程度越来越高，目前看到的全都是集摄像与录像为一体的摄录机，刚刚诞生时，为了与分体机区别，将其称为"摄录一体机"，而现在只要是提到"摄像机"则都是指"摄录一体机"，即使是如今人手一款的智能手机，也可以称作是一台摄录一体机。

摄像机由三个部分构成，即镜头、摄像部分、录像部分，摄像机的工作方式是光信号由镜头进入摄像机，由摄像部分转换为电信号由录像部分记录下来。

如果视频拍摄要求高，还是应当使用专用的数字摄像机（Digital Video，DV），拍摄的画面流畅、稳定，也可以使用数码照相机（Digital Cameras，DC）的短片功能替代，画质也相当好，使用智能手机的拍摄视频是最便捷的，这些视频文件都能非常方便地通过 USB 接口导入计算机。

为使这些视频文件符合使用需求，除了尽量拍好之外，掌握一些必要的剪辑及制作技术也是必需的。

### 4.1.2 "互联网下载"方式

在互联网上看各类视频越来越方便了，诸如"爱奇艺""腾讯视频""迅雷""优酷""PPTV"等集视频库与播放为一体的视频网站、客户端提供了丰富多彩的视频节目，但若想把其中的视频下载下来重新剪辑、另作他用，则会遇到一些麻烦。

这些麻烦大体是，要么是网页没有下载链接，需要先安装各自客户端后下载，下载的格式也不是通常视频剪辑软件所能支持的格式（例如，优酷是 kux、腾讯是 qlv、爱奇艺是 qsv 等）；要么干脆就不提供下载服务或需付费下载。虽然从某种意义上讲，这也是社会进步的表现，对版权起到了一定的保护作用，却也为我们的学习增添了一些麻烦。

下面介绍一下编者平时用到的方法以期部分解决无法下载的问题，这里说"部分解决"的意思是，有的视频笔者尚无下载良策，对实在需要的视频采用专用软件实施屏幕录制的方法解决，当然，"录屏"的效果就比原视频的质量明显差了。

#### 1．借助 Internet 临时文件夹提取

只有几分钟时长的视频短片可以不使用任何软件，采用与"第 2 章音频的采集与处理"相同的方法获取。基本操作步骤是：

（1）清空 Internet 临时文件夹中的文件。

（2）播放流媒体视频（下载进程条走到最右端即可）。

（3）打开 Internet 临时文件夹，对文件按大小排序。

（4）将排在前面的视频文件复制出来（如果只播放过一个视频，应处于第一位）。从扩展名上也能看出来，网络在线播放的流媒体视频文件大多为 FLV 格式。

具体操作参见"第 2 章音频的采集与处理"中"网络获取"部分。需要说明的是，不是所有的短片都能通过这种方法提取，但对提取短片开头的广告则是非常有效的。

对于其他浏览器，可以尝试百度的"经验"或百度"知道"，即在百度搜索栏中输入诸如"如何下载网页视频"关键词，可以搜到一些热心人提供的经验与方法。

#### 2．使用维棠 FLV 下载软件

如果想下载的是动画片、电视剧之类的大段视频，上述办法就不行了。对这类情况，可以使用一个被称作"维棠 FLV 视频下载"的软件下载（见图 4-1），利用该软件可以将各网站上的视频节目的真实地址分析出来，并将未设版权保护的部分视频下载到本地。

图 4-1

起初只能下载 FLV 格式的视频（这也是称为"维棠 FLV 视频下载"的原因），现在也可以下载网站上的其他格式的视频了（如 mp4 格式）。利用维棠自带的维棠播放器（VDPlayer.exe）可以流畅地观看下载节目，也可以把它作为默认播放器播放其他视频、音频文件。如果用户想将 FLV 格式的视频节目转换成其他格式，也可以用第 2 章提到的"格式工厂"转换。

有了"维棠 FLV 视频下载软件"，可以非常方便地将喜欢的 FLV 视频节目下载收藏。下载步骤如下：

（1）运行维棠 FLV 下载软件，软件会自动在硬盘空余最多的分区上创建"VDownload"文件，用来保存该软件下载的文件，下载视频的网址会显示在"下载链接"的下方（见图 4-2）。

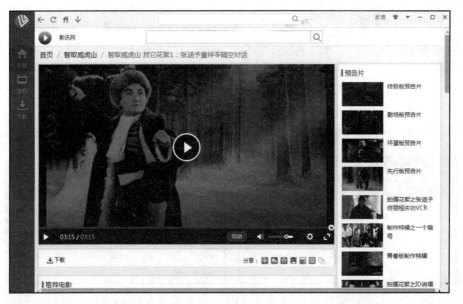

图 4-2

（2）搜索到所要下载的视频，如图 4-3 所示，单击 按钮下载。

图 4-3

能够正常下载的视频，显示在"已完成"列表中，不能被下载的视频，显示在"下载中"列表中（见图 4-4），提示"解析失败"表明视频被保护无法通过维棠下载（见图 4-5）。实在是需要，可通过前面提到的"录屏"方式解决，方法见本章最后一节。

图 4-4

图 4-5

### 4.1.3 "视频光盘"方式

市面上出售的 VCD、DVD 视频光盘中有些可以作为制作多媒体作品中的视频素材的来源，例如各地风光欣赏、交响乐欣赏、舞蹈欣赏等。这些作品具有较高的画面、声音质量，在需要的时候可以到音像店选购。在"网购"盛行的今天，也可以从网上音像店购买，足不出户即可挑选到你所需要的视频资料。

VCD 是采用 MPEG-1 标准的视频节目，VCD 视频光盘的视频文件格式为*.DAT，一般 VCD 视频光盘的目录结构如图 4-6（a）所示，其中*.DAT 视频文件存放在"MPEGAV"文件夹中［见图 4-6（b）］，可以转换成其他视频格式使用。

（a）　　　　　　　　　　　　　　（b）

图 4-6

DVD 是采用 MPEG-2 标准的高质量视频节目，DVD 视频光盘中的视频文件格式为*.VOB，也可以转换成其他视频格式使用，画质要比*.DAT 好很多。

# 4.2 与摄像相关的技术与知识

制作多媒体作品用到的一些视频有时需要自己拍摄，专业些的使用数码摄像机（DV），方便些的可使用数码照相机（DC）的短片功能，想更方便的也可以使用手机。在此特别对手机拍摄素材提出建议，最该注意的是保持全部素材的画幅方向一致，即要么全是竖幅，要么全是横幅，如果使用不同手机拍摄，还应注意画幅比例一致，比如都为 4∶3 或都为 16∶9 等，否则后期制作会相当不便，而且画面时横时竖看着很不舒服。

不论使用何种设备，拍摄条件允许的前提下，尽量使用云台或三脚架，晃晃悠悠的画面会让人生厌、头晕。

摄像的一些构图、取景、用光等与摄影类似，如果有娴熟的摄影技术，用摄像机时拍出的录像视频同样也会非常漂亮，好的录像视频应当是在任何时刻都具有合适的构图、取景及用光效果。下面主要针对摄像的特点介绍其基本操作技巧及操作要求。

## 4.2.1 摄像的基本技巧

摄像的基本操作技巧有推、拉、摇、甩、移、跟、转等 7 种。

### 1. 推

使画面由大景别向小景别变化的过程称为"推"。例如，"远景"→"全景"→"中景"→"近景"→……的过程。画面看上去的效果是越来越近，是一种先介绍环境再介绍主体的一种常用拍摄方法。

"推"又分"变焦推"和"移推"两种。"变焦推"是指使按动变焦按钮使镜头焦距从短变到长的过程。"移推"是指移动机位逐渐靠近被摄者的过程。

例如，画面开始是一群小孩在表演舞蹈的全景，几秒后画面渐渐推近到其中一个小孩的半身近景，然后镜头就跟着他。这种拍法就像在告诉观众，内容是舞蹈表演，主角是小孩。这种以"推"为主的拍摄方法，用意是在说明特定的目标或人物。

### 2. 拉

使画面由小景别向大景别变化的过程称为"拉"。"拉"是"推"的逆过程。例如，"特写"→"近景"→"中景"→"全景"→……的过程。画面看上去的效果是越来越远，是一种先介绍主体再介绍所在环境的一种常用拍摄方法。

"拉"也分"变焦拉"和"移拉"两种。"变焦拉"是指使按动变焦按钮使镜头焦距从长变到短的过程。"移拉"是指移动机位逐渐远离被摄者的过程。

例如，特写一个烛光约 3 s，然后慢慢地将镜头拉开，画面渐渐出现原来是一个插满蜡烛的蛋糕。这个动作让画面更为生动有趣，不需要旁白及说明，你可由画面的变化看出，拍摄者所要表达的内容及含意，这也就是所谓的"镜头语言"。

上面两种都是比较常用的拍摄方法，各有意义，恰当的运用则具有画龙点睛的效果。DV 初学者常犯的错误是滥用变焦镜头，画面忽近忽远重复拍摄，给观众一种漫无目标到处乱跑的感觉。正常拍摄应当是，无论推近还是拉远，每做完一次后就暂停，换另外一个角度或画面后，再开机拍摄，养成好的拍摄习惯，是拍摄出好作品的必要条件。

### 3．摇

是在画面景别不变的情况下，摄像机机位不动、借助于三脚架上的活动底盘或以拍摄者自身做支点，变动摄像机光学镜头轴线的拍摄方法。用"摇"的方式拍摄的电视画面叫摇镜头。

拍摄过程中，"摇"是最常用的手法之一。例如，当拍摄风光时的场景过于宏大，用广角镜头不能把整个画面完全拍摄下来时，就应该使用"摇"的方式拍摄。

（1）"摇"的特点

由拍摄者控制的摇摄方向、角度、速度等均能使摇镜头画面具有较强的强制性，特别是由于起幅画面和落幅画面停留的时间较长，而中间的摇动中的画面停留时间相对较短，因此更能引起观众的关注。

（2）"摇"适合的场景

① 用于展示空间和扩大视野。这种摇镜头多侧重于介绍环境、故事或事件发生地的地形地貌，展示更为开阔的视觉背景，它具有大景别的功能，又比固定画面的远景有更为开阔的视野，在表现群山、草原、沙漠、海洋等宽广深远的场景时有其独特的表现力量（见图4-7）。

图 4-7

② 用于介绍两个物体的内在联系。生活中许多事物经过一定的组合都会建立某种特定的关系，如果将两个物体或事物分别安排在摇镜头的起幅和落幅中，通过镜头摇动将这两点连接起来，这两个物体或事物的关系就会被镜头运动造成的连接提示或暗示出来。

③ 表现运动主体的动态。用长焦距镜头在远处追摇一个运动物体，用此方法将被摄动体相对稳定地构图在画框内的某个位置上。如在电视体育节目中经常看到赛车，摄像机在场地中心随奔驰的车摇动，观众通过画面可以在较长的时间内清楚地看到赛车的动态。再如追拍飞鸟时也需运用摇摄镜头（见图4-8）。

④ 用摇镜头表现一种主观性镜头。在镜头组接中，当前一个镜头表现是一个人"环视"四周，下一个镜头用摇摄所表现的空间就是前一个镜头里的人所看到的空间。此时摇镜头表现了戏中人的视线而成为一种主观性镜头。

将摇镜头技巧运用于合适的场景，能够表现所要展示的内涵，但是，如果用得不好，就达不到预设的效果，也会给观众造成乱的感觉。

图 4-8

（3）"摇"的操作方法

① 上下"摇"拍：用这种拍摄方法可以追踪拍摄上下移动的目标。如运动员的跳水动作，从运动员站在高台准备跳时作为起幅，把镜头推近，锁定目标，从起跳到入水，镜头随运动员的下落而同步下移。这样的场面如果运镜恰当，短短几秒，一气呵成，视觉冲击力很强。用上下"摇"拍的方法还常常用来显示一些高得无法用一个整画面完整表现的景物，或是要表现某一景物的高大雄伟。站在一座高楼大厦前，先用平摄的方法拍摄楼的底座，再由下往上慢慢移动镜头直至高楼的顶端，很小的片断就把整座楼的景观纳入视线，使得高大建筑物更显雄伟壮观。

② 左右"摇"拍：左右"摇"拍通常在拍摄一个大场面或一幅风景画时使用，以用来介绍事件所发生的地点以及主角人物所处的位置和环境。方法是，首先将身体朝向摇镜头的终止方向的位置（确定落幅位置，做到心中有数），再扭向摇镜头的开始方向的位置（确定起幅位置）并开始拍摄。拍摄时，身体慢慢地、均匀地向终止方向转动，直到完成整个摇镜头过程。

（4）"摇"的注意事项

① 摇拍要有明确的目的性，"摇"拍容易让观众对后面摇进画面的新空间或新景物产生某种期待和注意，如果"摇"拍的画面没有什么可给观众看的，或是后面的事物与前面的事物没有任何的联系，那就不要用摇拍。

② "摇"拍速度要适当，"摇"拍的时间不宜过长或过短，一般来说"摇"拍一段镜头约10 s 为宜，过短播放时画面看起来像在飞，过长看是又会觉得拖泥带水。追随"摇"拍运动物体时，摇速要与画面内运动物体的位移相对应，拍摄时应尽力将被拍主体稳定地保持在画框内的某一点上。

③ 要将"摇"拍的起点和终点把握得恰到好处，可以至少先预摇一遍。实拍时"摇"拍过去就不要再"摇"拍回来，只能做一次左右或上下的摇拍。

### 4．甩

实际上是一种快速摇镜头操作。也常使用这一手法实现画面转场。可以通过空间、被摄主体的快速变换，快速完成观众注意力和兴趣点的转移。

### 5．移

通常是指一边录像，一边把摄像机作横向（左右）、纵向（上下）移动。"移"拍与变焦推拉、"摇"拍不同，单纯的"移"拍只是拍摄者的位置发生变化，摄像机的焦距或角度不变；而变焦推拉、"摇"拍则是拍摄者位置不变，变化的是摄像机的焦距或角度。

（1）"移"的特点及所适合的场景

① 用"移"拍手法拍出来的画面极富临场感，有着单靠推拉、"摇"拍不可比拟的视觉效果，更能贴近拍摄目标，非常适合长镜头（时间长的画面）的拍摄，增加剧情的感染力。

② 在介绍较大的场景时，"摇"拍虽有其自身的优点，可以在几秒内从水平线的这一头摇摄到另一头。但大部分画面都在较远的距离之外，细微部分无法拍出来。如果采用"移"摄，就可以靠近所要拍摄的目标，在同一片断中显示出不同角度的几个画面，拍出"摇"拍无法拍出的细微之处。

③ 对于静止目标的拍摄（例如，要拍一段表现走近一座大楼时的情景），使用向前移动的"移"拍技巧是再合适不过了，它会让人真正有进入大楼的感觉，其效果比较自然。虽然改变镜头焦距

和这种"移"摄方法有点相似，但要是利用变焦镜头来拍这个片断，拍出的画面就会让人觉得不真实。利用变焦镜头把画面拉近（实际上是"推"操作），由于无法产生与"移"摄像机前进或后退的相同感觉，只能算是一个要求不高的权宜做法。

（2）"移"的方法及注意事项

移动拍摄需要解决的最大难题就是如何防止摄像机的晃动。一般来说，为了保持画面稳定，除非不得已，应尽量避免边走路一边拍摄。在拍摄移动物体时，最好能有某种带轮子的支撑物，最专业的做法是使用"摄影台车"（拍摄移摄镜头时在地上铺设简单的轨道车），把摄像机装设在一架装有轮子的平台上，然后推着这个平台在铁轨上移动，这种平台就称作"摄影台车"。使用"摄影台车""移"拍是目前专业摄像最常用的做法，也是保证摄像质量最有效的做法，这在电影和电视剧的拍摄现场中会经常看到。

但是这种平台的造价都很昂贵，对于一般的摄像机使用者来说是个奢望。简易一些的做法是使用三脚架台车，就是在三脚架的底部装上轮子，让它可以在平坦的地面活动。再差一点的做法就是利用任何有轮子的东西用来做替代品，包括轮椅、汽车、超市的购物车，只要车子行驶得很平稳就可以。这样做虽然显得"业余"，但如果你的作品只要不要求是影视级的，拍摄出来的效果还是能够令人满意的。如今，无人机的普及使许多业余摄像爱好者也能拍出很好的"移"效果。

### 6. 跟

与"移"有些类似，特征是使摄像机保持与移动的被摄体距离大体不变。

例如，拍摄一对缓缓步入新婚殿堂的新人，摄像师应在移动目标的前面、镜头对准被拍摄者的正面并保持适当的距离，随着两位新人的前进而平稳的向后退步行走（其行走路线应与被摄者大体一致）。由于是面对面的拍摄，被摄者的一切表情、动作一览无余，便于摄像师捕捉行进中人物面部的细微之处，有利于刻画人物的心理变化。这种情况下，应把特写镜头很好的利用起来。

再如，表现某人在草地上快速奔跑的镜头，可以开机后提着摄像机（低机位拍摄其腿部）跟在奔跑者的后面跑，这种拍法会因快速后移的杂草及晃动的画面而增加画面的真实感和紧张感。

在使用向后移动的"跟"摄时，还有一个应注意的问题是，拍摄前一定要搞清目标的行走路线，以及路况如何，做到心中有数。如果路面不平或有障碍物，更应特别注意安全，以免损坏设备或影响拍摄效果。

### 7. 转

这种拍摄方法是，尽量降低机位，并把镜头焦距调到最短（短焦端），高角度仰拍，开机后以一个固定轴线转动摄像机。常用于表现高大的树木、高耸的大楼。为了达到平衡、均匀的画面效果，应尽量使用三脚架拍摄。

当然，在实际拍摄某个镜头的过程中不可能、也不应该单纯地使用一种技巧。通常是综合两种以上的拍摄技巧。例如，边摇边推（在通过"摇"来介绍环境的同时通过"推"来逐渐突出主体）。另外，为了保证美观的构图，拍摄时也会经常将几种技巧结合运用。

## 4.2.2　摄像的基本要求

摄像的基本操作要求可概括为 5 个字：平、稳、匀、准、清。

### 1．平

平是指所拍摄画面中的地平线要水平。画面中的水平和竖直线条不要歪斜，拍摄时可以参照寻像器中水平和垂直的两个边框取景。如果是架在有水准仪的云台或三脚架上拍摄，应首先通过调整使水准仪中的小气泡置于中间位置。

### 2．稳

稳是要求画面保持稳定。无目的的晃动是拍摄工作的一大忌讳，它既影响人的观赏情绪，又影响画面内容的表达。

### 3．匀

匀是指拍摄的画面变化速度要均匀，不能忽快忽慢。开机起幅时应缓慢地匀加速，达到一定速度后要保持匀速，至落幅时要慢慢地匀减速。

### 4．准

主要是落幅的画面要准确。例如，要"推"一个特写时，落幅位置要保证被摄主体在画面内并应在正确的构图位置。再例如，采用"摇"拍时不要出现"摇过"的现象（也就是落幅的画面应当是预期的画面），一般不能出现在摇过头之后再摇回来的情形。对初学者来讲，"推"拍是比较难以推"准"的，相对而言，采用"拉"拍，要达到"准"的要求会简单得多。

### 5．清

清是指画面要清晰，聚焦要准确。因为某种原因（如主体比例较小或其靠近镜头一方有其他遮挡物）不能在自动聚焦功能挡准确聚焦时，要采用手动聚焦挡。

相对于"平""稳""匀""清"来讲，"准"是最不容易掌握的，应多加练习。

## 4.2.3　摄像的拍摄角度

拍摄角度可大体分为正面、侧面、斜侧面、背面、高度等 5 种，决定了摄像机应处的位置（简称"机位"）。

### 1．正面

正面是指摄像机镜头对着拍摄对象的正面进行拍摄。它使正面有对称的稳定特点，能真实地反映拍摄对象的规模和正面全貌。

### 2．侧面

侧面指镜头与拍摄对象正面构成 90° 角关系时进行的拍摄。它能表现对象的侧面特征，能很好地表达出拍摄对象的轮廓。

### 3．斜侧面

斜侧面是指镜头从介于正面和侧面之间的角度进行拍摄。既能表现出拍摄对象的正面和侧面两方面的特征，又能表现出拍摄对象的立体感和透视效果。

### 4．背面

背面是指镜头从拍摄对象的后面进行的拍摄。它表现拍摄对象的背面特征，强调拍摄对象的形态，还能把观众的视线引向画面的深处，引起观众的兴趣。

**5．高度**

高度是指镜头相对于拍摄对象以平视、仰视、俯视的角度进行拍摄。

① 平摄：镜头与拍摄对象处于同一高度的拍摄方式，是最常用的拍摄位置。

② 仰摄：镜头低于拍摄对象的拍摄方式，这可以衬托突出拍摄对象，可以表现出巍峨高大的形象。

③ 俯摄：镜头高于拍摄对象的拍摄方式，适于表现广阔的地平空间范围，充分表现被摄对象的地理位置、空间距离和相互关系。

### 4.2.4　摄像的画面景别

在"附录 2 数码照相机的使用"中对景别的含义做过描述，并将景别分为大远景、远景、全景、中景、近景、特写和大特写，也可以大体的划分为远景、全景、中景、近景、特写。在摄像中不同景别的运用有其特殊的内涵。

**1．远景**

远景是用以表现远距离景物广阔场面的画面。画面完全无人或即使有人，人在画面中也仅占有很小的空间。

远景具有广阔的视野，画面开阔、壮观、富有较强的抒情性，常用来展示事件发生的时间、环境、规模和气氛（例如表现开阔的自然风景、群众场面、战争场面等）。远景画面重在渲染气氛，抒发情感，在绘画艺术中讲究"远取其势，近取其神"，这一点和绘画是相通的，远景画面一般重在"取势"，不细琢细节。在远景画面中，不注重人物的细微动作，有时人物处于点状，故不能用于直接刻画人物，但却可以表现人物的情绪，通过承上启下的组接可以含蓄地表达人物的内心情绪。

远景画面包容的景物多，时间要长些。由于电视画面画幅较小，用远景不大容易看清细节，故应少用，但不能不用。

**2．全景**

全景是用以表现人物全貌及其周围环境的画面。表现人与环境之间关系，人与人之间的空间方位，人体的运动等。

全景画面主要表现人物全身，活动范围较大，体型、衣着打扮、身份交代的比较清楚，环境、道具看得比较明白，通常做为拍摄内景时的主要景别。在电视剧、电视专题、电视新闻中全景镜头不可缺少，大多数节目的开端、结尾部分都用全景或远景。远景、全景又称交代镜头。

**3．中景**

中景是用以表现人物膝部以上活动的画面。既能清晰地显示环境又能表现人的动作和大致表情。

中景和全景相比，包容景物的范围有所缩小，环境处于次要地位，重点在于表现人物的上身动作。中景为叙事性的景别，因此在影视作品中占的比重较大。处理中景画面要注意避免构图死板，对拍摄角度、演员调度、动作姿势等要讲究。

人物中景要注意掌握分寸，虽然画框下边卡在膝盖左右部位或场景局部的画面称为中景，但实际拍摄时画面最好不要卡在腿关节部位，这是摄像构图中所比较忌讳的（如卡在脖子、腰关节、腿关节、脚关节等位置）。却也不必过分教条，应根据实际内容需要灵活运用构图。

### 4. 近景

近景是用来表现人物胸部以上，或物体的局部的画面。它使主体在画面上鲜明突出，拍摄人物时，突出面部的细腻表情和内在气质。拍摄物体时，表现物体的形状特征和质感。

近景的屏幕形象是近距离观察人物的体现，所以近景能清楚地看清人物细微动作，也是用于人物之间进行感情交流的景别。近景着重表现人物的面部表情，传达人物的内心世界，是刻画人物性格最有力的景别。电视节目中的节目主持人与观众进行情绪交流也多用近景，这种景别适应于电视屏幕小的特点，在电视摄像中用得较多，因此有人说电视是近景和特写的艺术。近景产生的接近感，往往能给观众留下较深刻的印象。

由于近景人物面部看得十分清楚，人物面部缺陷在近景中得到突出表现，在造型上尽量要求细致，无论是化装、服装、道具都要十分逼真和生活化，不能看出破绽。近景中的环境退到次要地位，画面构图应尽量简练，避免杂乱的背景抢夺视线，因此常用长焦镜头拍摄，利用景深小的特点虚化背景。人物近景画面用人物局部背影或道具作前景可以增加画面的深度、层次和线条结构。近景人物一般只有一人做画面主体，其他人物往往作为陪体或前景处理。"结婚照"式的双主体画面，在电视剧、电影中是很少见的。

### 5. 特写

画面的下边框在成人肩部（或胸部）以上的头像，或其他被摄对象的局部称为特写镜头。特写画面的构图比较单一集中，画面内容简洁，表现力强。

特写镜头的被摄对象充满画面，比近景更加接近观众，背景处于次要地位，甚至消失，特写镜头能细微地表现人物面部表情。它具有生活中不常见的特殊的视觉感受，主要用来描绘人物的内心活动，演员通过面部把内心活动传给观众。特写镜头无论是人物或其他对象均能给观众以强烈的印象，在故事片、电视剧中，道具的特写往往蕴含着重要的戏剧因素。例如先拍老师讲课的一个中景，再拍讲桌上的一杯水的一个特写，就意味着这杯水应该不是一杯普通的水。

正因为特写镜头具有强烈的视觉感受，因此特写镜头不能滥用，只有用得精妙、恰到好处，才能起到画龙点睛的作用，滥用会使人厌烦，反而会削弱它的表现力，尤其是脸部大特写（只含五官）应该慎用。

电视新闻摄像没有刻画人物的任务，一般不用人物的大特写。在电视新闻中有的摄像经常从脸部特写拉出，或者是从一枚奖章、一朵鲜花、一盏灯具拉出，用得精，可起强调作用，用得太多也会使画面有"乱"的感觉。

## 4.2.5　摄像的构图

摄像的构图与摄影的构图方法完全相同，只不过摄像要求在整个拍摄过程中任何时刻的构图都应当是合适的。摄像时为了获得合适的构图，应当注意形状、线条、色彩、质感、立体感等 5 个方面。

### 1. 形状

形状是物体的最基本的样子。物体的形状在画面中所处的位置、面积大小和方向发生变化时，将会带来不同的构图变化，产生不同的视觉效果。

## 2．线条

现实生活中客观存在的一切现象都可用不同的线条来表达，用线条来引导观众视线，以加深对主体的印象。

## 3．色彩

色彩是构成彩色画面的基本元素。在画面构图中，运用色彩的对比，能对视觉产生强烈的刺激，从而吸引人的注意力。运用色彩的象征意义，可以达到叙事或表意的功能。

各种色彩的象征意义：

① 红色：是最引人注目的色彩，具有强烈的感染力，它是火的色、血的色，象征热情、喜庆、幸福。另一方面又象征警觉、危险。红色色感刺激强烈，在色彩配合中常起着主色和重要的调和对比作用，是使用最多的色。

② 黄色：是阳光的色彩，象征光明、希望、高贵、愉快。浅黄色表示柔弱，灰黄色表示病态。黄色在纯色中明度最高，与红色色系的色配合产生辉煌华丽、热烈喜庆的效果，与蓝色色系的色配合产生淡雅宁静、柔和清爽的效果。

③ 蓝色：是天空的色彩，象征和平、安静、纯洁、理智。另一方面又有消极、冷淡、保守等意味。蓝色与红、黄等色运用得当，能构成和谐的对比调和关系。

④ 绿色：是植物的色彩，象征着平静与安全，带灰褐绿的色则象征着衰老和终止。绿色和蓝色配合显得柔和宁静，和黄色配合显得明快清新。由于绿色的视觉刺激性不高，多作为陪衬的中性色彩运用。

⑤ 橙色：秋天收获的颜色，鲜艳的橙色比红色更为温暖、华美，是所有色彩中最温暖的色彩。橙色象征快乐、健康、勇敢。

⑥ 紫色：象征优美、高贵、尊严，另一方面又有孤独、神秘等意味。淡紫色有高雅和魔力的感觉，深紫色则有沉重、庄严的感觉。与红色配合显得华丽和谐，与蓝色配合显得华贵低沉，与绿色配合显得热情成熟。运用得当能构成新颖别致的效果。

⑦ 黑色：是暗色，是明度最低的非彩色，象征着力量，有时又意味着不吉祥和罪恶。能和许多色彩构成良好的对比调和关系，运用范围很广。

## 4．质感

质感是物质真实存在的感觉，既是指主体的表面结构，又是指主体的质地。好质感的画面会使观众在视觉上产生真实的感觉，利于提高主体形象的艺术感染力。

## 5．立体感（空间感）

立体感是用二维的、平面的电视画面来表现三维的、立体的自然界。如用线条透视表示在纵深方向的延伸；用画面影调、色调的明暗变化表示空间的深度；用影像焦点的虚实变化来表现景物影像的透视性等。

### 4.2.6 摄像的用光

与摄影的用光完全相同，可大体分为顺光、侧光、逆光、顶光、脚光 5 种。

1. 顺光

顺光是指照射方向与拍摄方向一致的光线。顺光使被摄物表面受光均匀，明暗反差小，画面显得平淡，但景物色彩能得到全面体现。

2. 侧光

侧光是指投射方向与拍摄方向成 45° ～135° 的水平角度的光线。不论是塑造人像，还是表现大自然的风貌，都能够造成明亮清晰、富有力度的形象。

3. 逆光

逆光是指光源照射方向与摄像方向相对，处在被摄物背后的光线。逆光使画面形成亮轮廓、暗背景、暗表面的强反差效果，使物体产生鲜明的立体感和空间感。

4. 顶光

顶光是指来自被摄体顶部的光线。顶光使景物投影垂直落在下部，有利于拍摄风景，但不利于拍摄人物。

5. 脚光

脚光是指光线来自被摄物下部的光线。脚光通常是一种辅助光，用来营造和渲染特定的环境和气氛，补偿其他光线的死角。

### 4.2.7　摄像的画面构成

摄像的画面一般由主体、陪体、前景、背景、声音 5 个因素构成。

1. 主体

主体是在画面中被主要表现的对象。主体可以是一个，也可以是几个对象组成的群体，可以是人也可以是物。主体是传达画面思想内容的主要对象，在画面安排上要突出，要引人入胜。

2. 陪体

陪体是画面中陪衬主体的人物或景物，并与主体构成一定的情节。陪体帮助主体阐明主题，更全面地提示画面的内容，帮助观众理解主体的特征和内涵。

3. 前景

前景是在画面中位于主体前面的景物或人物，即最靠近摄像机镜头位置的人或物，利用前景可以说明季节、渲染季节气氛、描写地理环境、加强空间感。

4. 背景

背景是画面中主体后面的景物或人物。背景用来衬托主体，表现画面的深度感和空间大小，在特定环境下，帮助主体阐述画面内容。

5. 声音

画面中的声音包括同期现场声、解说词、配乐、特定效果声等。一个完整的电视画面是离不开声音的，声音与画面各是一种携带信息、表达内容的载体和符号，各有特点，有互为补充，相得益彰的作用。

### 4.2.8 摄像的其他注意事项

#### 1. 白平衡

每次摄像之前都应调整白平衡，以保证真实的色彩还原。尤其是不在同一天拍摄相同场景时更应注意将白平衡调整一致，否则将两段组合时会使观众明显感觉到色彩的变化。如果是用两台以上摄像机多机位拍摄，同样也需要将白平衡调整一致。

#### 2. 留够空当

"推""拉""摇""移"的起幅、落幅的时间要留够，以便于后期剪辑。

#### 3. 减少手持

为保持画面稳定，应尽量使用云台或三脚架拍摄。

#### 4. 入画出画

对于初学者应注意使用入画与出画的拍摄方法，也就是在拍摄运动体（如人们游玩、漫步）时预先在其运动前方取一个构图合适的空画面，当运动体进入画面时（入画）未必非要一直使用"摇"镜头拍摄，"摇"一段后停下来，使运动体走出画面（出画）后停机。有时甚至干脆使机位、

景别、角度等固定不动，单靠运动体的运动实现入画与出画。

例如，要拍摄小船从桥洞那边划过来的一个片断，就可以提前取一个构图合适的空画面（见图4-9）开机等小船"入画"，为了减少小船在画面中划行的时间（免得造成冗长的视觉感），可以采用"推"镜头的技巧减小景别，以使小船提早"出画"。

图 4-9

#### 5. 避免越轴（保持轴线的一致性）

例如，要通过拍摄从左前方逐渐走近再从右前方逐渐走远的两个片断，在后期剪辑时再将其衔接上的一组镜头（见图4-10）。

图 4-10

通常应按图 4-11 所示先拍摄第一段左前方逐渐走近的画面后停机，再拍摄第二段右前方逐渐走远的画面。这种拍法摄像机在"轴线"的同一侧。

轴线

第一段拍摄方向　　　　第二段拍摄方向

图 4-11

如果按图 4-12 所示的那样先拍摄第一段左前方逐渐走近的画面后停机，再到轴线对面拍摄第二段右前方逐渐走远的画面。在后期剪辑时将两个片断组合在一起后，会给观看者产生原路返回的感觉。这种拍摄在专业术语上称为"越轴"（机位跨越了轴线）。

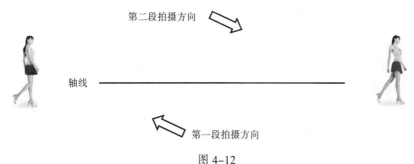

图 4-12

在对上述内容有了一定了解之后多加练习，再加上恰当的后期剪辑，便能制作成具有一定水准的 DV 作品了。

如果使用数码照相机上的短片功能拍摄，方法及注意事项与使用摄像机拍摄相同。只是有的数码照相机在拍摄短片时即使是使用变焦镜头，也很难达到平滑的变焦，从而影响了拍摄效果和灵活性。

# 4.3　视频的制作流程及相关术语

## 4.3.1　视频作品的制作流程

如今，视频制作软件层出不穷，不论是服务专业、功能强大的，还是亲近大众、易学易用的，视频作品的制作流程是一样的，大体可分为以下几个步骤。

### 1. 将拍摄素材导入至计算机

对于使用磁带做存储介质的数字摄像机（DV）上通常都有 DV In/Out 的插孔，这是用来将 DV 磁带上的资料传送到计算机的接口，通常我们将影片由模拟信号经取样、量化变为数字资料储存到计算机上的过程称为"捕获"，但是因为存在 DV 磁带上的资料本来就是数字资料，因此实际上应该只是传输的动作而已，这个动作并不会造成任何资料的损失，这也是使用数字储存的好处。

要连接 DV In/Out 的插孔，计算机还需要加装一块 IEEE1394 卡或专门用来做数字剪辑的界面卡，IEEE1394 只是用来将资料在 DV 和计算机间做传输的接口（比较便宜），而专门的数字剪辑卡通常还包含一些专为剪辑提供的功能，一般我们只需要买 IEEE1394，再加上剪辑软件，即可进行非线性剪辑了。市面上卖的 IEEE1394 通常都会附带一款简单实用的剪辑软件。

如果是采用光盘、闪存作为存储介质的 DV、DC 或手机，则可将录好的视频通过 USB 接口将视频文件复制到计算机硬盘中。

### 2. 视/音频编辑和特效制作

视/音频编辑和特效制作是利用视频编辑软件对已"捕获"到光盘或硬盘中的素材导入到软件中进行编辑。通过对素材片断的剪辑、组接、特效制作、字幕叠加等处理，再经预演、进一步修改至满意后，根据不同的要求（如输出 VCD、DVD 等不同形式），将成品生成新的视频文件保存。

### 3．成品保存或发表

剪辑完成后渲染的作品如果是高清晰的，会占用很大的硬盘空间，好在如今大容量的移动硬盘价格便宜，另备一块移动硬盘也是必要的，刻成 DVD 光盘保存反倒是不划算，而且也不够方便。作品需要分享时，可将渲染的画幅减小，具体的格式取决于所用软件的输出功能，本章介绍的 Camtasia Studio 软件可以渲染成 720P 的 mp4 格式，画质几乎不受影响，而文件大小却可以极大地减小。

### 4.3.2　视频剪辑的相关术语

了解一些相关术语，一方面有助于在使用视频编辑软件制作视频作品时对片断的组合方式、时间长度及制作流程等有更好的把握，另一方面有助于看懂相关专业文章。

### 1．非线性剪辑

在视频剪辑术语中常会听到"非线性剪辑"一词，所谓剪辑就是剪切+编辑，剪辑常分为"线性剪辑"与"非线性剪辑"。由于在使用剪辑软件进行编辑的过程中，不用依照影片的播放顺序作编辑，想先修改哪个部分就修改哪个部分，因此称为"非线性剪辑"。

顺带提一下，在 Windows Movie Maker 中"剪辑"一词不是动词，它代表视频片断、音频片断、图片。

### 2．帧与场

电视是采用"隔行扫描"方式完成一幅画面的，即每个电视帧是通过扫描屏幕两次而产生的，第一次扫描奇数行（1，3，5，…），第二次扫描偶数行（2，4，6，…），第二次扫描的线条刚好填满第一次扫描所留下的缝隙，每一次扫描称为一个场，也就是说传送画面时每帧分两场转送。PAL 制是 25 帧/s 画面，每帧分两场扫描，所以实际上为 50 场/秒，也使得闪烁现象得以改善。

### 3．电视画面

"电视画面"是从电影画面借用来的。画面这个词，本是绘画艺术用语，一幅画称为一个画面。因为电影最初是无声片，它和绘画有许多相近之处，都是通过二维平面再现三维空间感觉的平面视觉艺术。人们习惯于把一个电影镜头叫做一个电影画面。由于电视剧和电影有密切关系，在创作上使用的艺术手段又是相同的，因此电影艺术上的一些术语，电视也完全可以通用，而且在概念上也基本相同。

电影画面的定义："一段连续放映的影片中的形象，看来是由一台摄影机不间断地一次拍摄下来的，无论这段多么长都叫做一个镜头（即画面）"。这个定义也适用于电视画面。有人从摄像角度来讲，是指从开机到关机这段时间所摄录的一段形象素材，这样讲也是不错的，但不够严格。有的画面是多次开机关机完成的，只要看来是一次连续拍摄的就是一个画面。电视画面是电视语言的基本因素，也是摄像造型的基本单位。一个画面的时间可以长到几分，也可以短到几秒，甚至可以短到不到一秒只有几个画幅。例如，闪电、炮击，三、五帧即可构成一个画面。

### 4．画面和镜头

电视画面和电视镜头是可以通用的，是一个对象的两种称呼，只不过因场合不同而异。例如，在导演部门和制片部门称为镜头而不称画面，在摄影、摄像部门经常称为画面。

影视作品最小的单位是镜头，若干镜头连接在一起形成镜头组，一组镜头经有机组合构成一个逻辑连贯、富于节奏、含义相对完整的电影片断，它是导演组织影片素材、揭示思想、创造形象的最基本单位。

### 5．画面和画幅

画面和画幅也是两个不同概念。画幅也就是我们常说的画帧（简称为帧）。电视画面是由画帧组成的，它是组成画面的物质形式。电视的帧频是 25 帧/s，每个画面都由若干个画幅组成。画幅是静止的，每一画幅只停留 1/25 s，画面则是运动的，除了用固定摄影方式拍摄静物以外，每个画幅的图像都会有所区别。

### 6．画面和像素

电视画面的图像是借助于摄像的光电转换、显像的电光转换手段，并通过布满屏幕上的小光点呈现出来的。这些小光点称为像素。像素的多少及其排列的密集程度决定着图像的清晰度。

### 7．景别的组接

最早人们安排画面组接时，多以观察事物的视觉习惯为依据。一般是先看全貌（全景）再看细部（特写），为了过渡顺畅中间再加一个中景，形成全→中→近→特的组合。这就是所谓的"前进式"的句子。后来又考虑到人们的心理活动以及作者要达到的艺术效果，又创造了近→中→全的组合，即所谓"后退式"句子。现在人们为了强调艺术表现效果，又常常创造的采用两极镜头跳接的方法。

一般情况下，不能把既不改变景别又不改变角度的同一对象的画面（三同镜头：同一景别、同一角度、同一对象）组接在一起，会产生视觉跳动。但如果作为一种特殊手段硬要把"三同镜头"组接在一起，这属于特殊技巧，需要用得确切。

组接不同景别的画面时还要注意长度（时长）的把握，远景容量大，景物多，长度一般不少于 5 s，特写要短些。

### 8．转场

转场是相邻两个片断的交叠部分经过特效处理而成的连接方式。通常，转场用于连接两个视频片断，实现一个片断自然生动地过渡到另一个片断，从而使影片保持视觉的连贯性，并能为影片增加丰富的艺术效果。

有时，需要在一个片断中间加入转场，在这种情况下，先将片断切分为两个新片断，然后用转场将两个新片断连接起来。

### 9．镜头节奏

镜头的长短有如写文章用词和句的长短。长句子写文章节奏平缓，短句子有力能形成较强的节奏感。镜头长短亦如此，长镜头（不要和长焦距镜头混淆）容易拖沓，而短镜头结构较快。因此戏剧高潮段落多用短镜头结构，节奏平缓之处多用长镜头表现。

叙事和抒情是电视画面的主要功能。电视画面不能总是停留在叙事层面上，总要有一些抒情的或表达人物情绪的表情段落，这些镜头画面称作情绪画面。要想把观众带入特定的情绪之中，从而受到感情情绪感染是和时间长短有关系的，因此有时需要适当延长情绪镜头的长度。镜头长度一般在编辑时完成，但巧妇难做无米之炊，在拍摄时没有足够长度的画面，动作镜头又不能停帧，在后期编辑时也无能为力。

# 4.4　Camtasia Studio 软件的使用

Camtasia Studio 是美国 TechSmith 公司出品的一款品质优秀、功能强大、操作简单的专业的屏幕录像和后期编辑的工具软件套装。它为我们打造了一个精彩、动态的数字电影创作和制作空间。无论是初学者还是资深用户，Camtasia 都可以帮助您轻松完成屏幕录像、素材剪接转场、影片编辑、特技处理、字幕创作、效果合成等工作，通过综合运用影像、声音、动画、图片、文字等素材资料，创作出各种不同用途的多媒体影片。

## 4.4.1　软件简介

### 1. 主要特色

（1）轻松记录屏幕动作、可同时录制声音。

（2）创建工程可以多次重复修改。

（3）单帧编辑、精确定位、实时预览、大屏显示。

（4）视频效果丰富、可添加关键帧缩放、添加转场等。

（5）可添加字幕、画中画等特效。

（6）可制作多种格式的视频文件。

### 2. 主要功能

（1）录像：屏幕录像功能强大，轻松记录影像、音效、鼠标移动轨迹、解说声音等。

（2）界面：由编辑区、监视区和时间轴三块组成。

（3）预览：监视区能实时显示时间轴中滑块所在时间点的画面。

（4）编辑：直观灵活的素材拖放操作；实用高效的编辑工具箱；支持音视频同步调整；精确到每帧的编辑精度。

（5）转场：剪辑方便，能快速分割视频，可加多种精彩转场特效、轻松调整转场长度、任意设定转场参数。

（6）输出：可输出 MP4、WMV、MOV、AVI、M4V、MP3、GIF 等视频文件。

（7）支持的文件格式：

视频：MPG、MPEG、AVI、WMV、MOV、SWF、MP4 等。

音频：MP3、WMA、WAV 等。

图像：BMP、JPG、GIF、PNG 等。

### 3. 软件的安装

（1）准备好安装程序 Camtasia.exe 并双击执行该程序。

（2）打开图 4-13 所示的选择语言界面，选择第一个选项 U.S.English 后单击 "OK" 按钮。

（3）桌面出现图 4-14 所示的等待安装文件解压完成的界面，而后自动出现图 4-15 所示的 "欢迎安装" 界面。

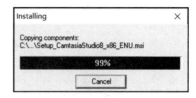

图 4-13　　　　　　　　　　　　　　　　　　　　图 4-14

图 4-15

（4）单击"Next"按钮进入"用户协议许可"界面，如图 4-16 所示，在此步骤中选择"I accept the license agreement"单选按钮，接受许可协议后，单击"Next"按钮。

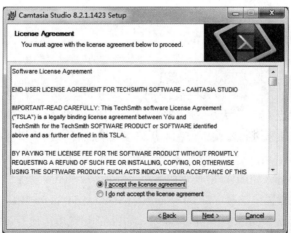

图 4-16

（5）此时安装向导进入"帮助我们改进 Camtasia Studio"页面，如图 4-17 所示，直接单击"Next"按钮进入下一步骤。

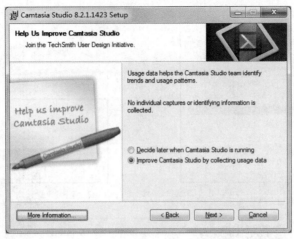

图 4-17

（6）此时安装向导进入"许可"界面，如图 4-18 所示，在这个界面中有两个选项：第一个是免费试用，会有使用期限；第二个是允许使用，但必须有用户名和序列号。一般选择第二个选项"Licensed-I have a key"，然后输入相应的用户名和序列号，然后单击"Next"按钮进入下一步骤。

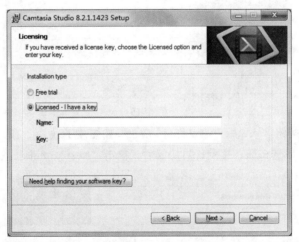

图 4-18

（7）此时安装向导进入"安装文件夹选择"页，如图 4-19 所示，如果想修改安装路径，可以单击"Browse..."按钮来进行修改；如果不想修改安装路径，则可以直接单击"Next"按钮进入下一步骤。

（8）此时安装向导进入如图 4-20 所示的界面，Camtasia Studio 提供了 PowerPoint 的插件，在此步骤中，我们可以根据需要选择"Enable Camtasia Studio Add-in for Microsot PowerPoint"前的复选框，用来启用 Camtasia Studio 8 中 Microsoft PowerPoint 加载项，然后单击"Next"按钮进入下一步骤。

（9）此时安装向导进入正式安装前的最后一个"选择"步骤，如图 4-21 所示，其中有三个选择项：安装后打开软件；在桌面上创建快捷方式；安装默认库资源，默认选择后两个选项，用户可根据需要自行选择，然后单击"Next"按钮进入下一步骤。

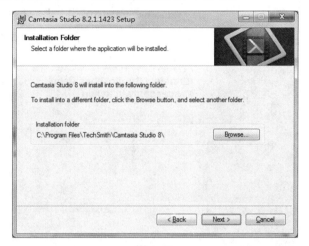

图 4-19

图 4-20

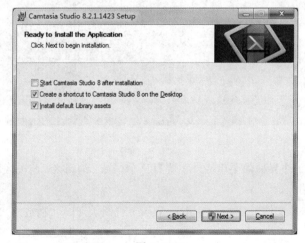

图 4-21

（10）接下来就是等待系统安装的过程，此过程可能要花费几分钟的时间，安装成功后出现图 4-22 所示的界面，单击"Finish"按钮，Camasia Studio 8 安装完毕。同时桌面上会出现该软件的快捷方式图标。

图 4-22

### 4．界面简介

启动 Camtasia Studio 8 应用程序后，首先可以看到一个欢迎界面，如图 4-23 所示，在这个界面中，可以打开最近打开过的项目，也可以选择录制屏幕或者导入媒体，当然也可以直接单击"Close"按钮关闭欢迎界面进入 Camtasia 的主界面。

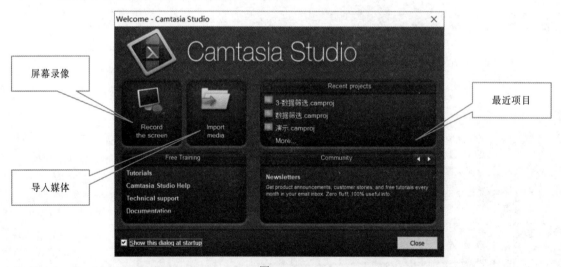

图 4-23

Camtasia Studio 8 的主界面除菜单栏外主要有三个区域：编辑区、监视区和时间轴，如图 4-24 所示。

菜单栏中包括 File（文件）、Edit（编辑）、View（视图）、Play（播放）、Tools（工具）和 Help（帮助）六个菜单。

编辑区上部有三个组合按钮，主要功能分别为：录制屏幕、导入媒体和生成共享。编辑区中间空白部分可以放置导入的各种媒体：屏幕录像文件*.camrec、图像文件、音频文件和视频文件；也可以在此设置各种效果的选项。编辑区的下面有一排功能按钮，通过这些按钮可以对视频进行各种效果的设置，具体有：Clip Bin（剪辑箱）、Library（库）、Callouts（标注）、Zoom-n-pan（缩放）、Audio（音频）、transitions（场景转换）、Cursor Effets(光标影响)、visual Properties（显示属性）、voice Narration（画外音）、Record Camera（记录照相机）Captions（字幕）、quizzing（提问）等。

图 4-24

监视区可以直观地显示任何时间点的画面，在这个区域中用户可以调整画面的显示大小、比例和分辨率，也可以移动裁剪画面。这个区域主要是观看视频显示效果。

时间轴区域用来组织各种媒体，根据需要它可以有任意个轨道，每个轨道上都可以放置图像、声音、视频等多媒体对象，也可以将字幕或一些特效放置于轨道中。时间轴上显示有时间刻度，用户可根据需要来放大或缩小时间轴刻度。在这个区域中，能够快速地切开时间轴上的视频素材，也可以进行剪切、复制、粘贴、撤销、重做等一些常用操作进行剪辑。这里也可以针对某个时间点或时间段的画面配合编辑区的功能选项设置出一些特效。

### 4.4.2 屏幕录像

启动 Camtasia studio 8 后首先会打开欢迎界面，如果要录制屏幕可以在欢迎界面中直接单击"Record the screen"按钮，如图 4-23 所示，即可打开录像器，也可以单击图 4-24 中的"Record the screen"，打开图 4-25 所示的录像器。

图 4-25

在这个录像器的主界面中，主要由"选择区域""录制输入"和"开始录制"三部分组成。

选择区域板块中有两个选项：Full Screen（全屏模式）和 Custom（常规）。选择全屏模式是录制整个屏幕，你会看到整个屏幕边缘有绿色的虚线，这就是录制视频的范围。常规是可以自由选择录制区域的，单击其右侧的下拉三角，可以看到几个常用的尺寸，如图 4-26（a）所示，分为宽屏、标准屏和最近使用尺寸。

用户选择之后会出现一个范围框，左键按住中间的按钮可以自由拖动范围框到需要的位置，也可以拖动角落改变范围大小，其宽度和高度在右侧会有显示数字，如图 4-26（b）所示。

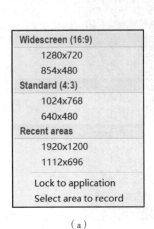

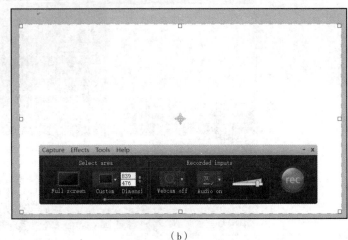

（a）　　　　　　　　　　　　　　　　　　　（b）

图 4-26

在录制输入板块中有两个设置项：Webcam 开关和 Audio 开关。计算机安装了摄像头就会显示"Webcam on"，并出现一个自拍画面，否则显示"Webcam off"。音频开关是控制录像时是否录制声音的选项，用户可根据需要调制。

开始录制就是右边红色圆形按钮，单击这个按钮就会倒计时 3s 后开始录制指定范围内的屏幕，同时提示按【F10】键停止录制。录制过程中，录像器界面如图 4-27 所示。按图中的【Stop】键效果同按【F10】键，录屏停止后就会出现 Preview 视频预览窗口。

图 4-27

在预览窗口的下方有如图 4-28 所示的控制选项，用户可根据需要处理录制好的视频。

图 4-28

用户选择"Save and Edit",系统将会弹出"Camtasia Recorder"对话框让用户保存录像,默认保存的文件名为 capture-1.camrec,用户可更改文件类型为.avi 格式的,建议采用默认格式。保存后,系统自动跳转到 Camtasia Studio 主界面,并将刚录制的屏幕录像文件导入到时间轴区域相应轨道上,并让用户设置视频的尺寸,开始编辑视频。

用户选择"Produce",系统同样会弹出"Camtasia Recorder"对话框让用户保存录像,保存后,系统也是自动跳转到 Camtasia Studio 主界面,但用户不能编辑视频,而是直接弹出如图 4-29 所示的"生成向导",在这个步骤中可以选择"Custom Production settings"即自定义生成设置,然后单击"下一步(N)"按钮,打开图 4-30 所示的输出格式选择界面,在这一步骤中可以根据需要选择合适的视频格式,例如我们选择.mp4 格式后单击"下一步"按钮,进入"播放选项"设置,如图 4-31 所示,在这个步骤中用户主要确定是否生成一个合适的控制器,并确定一些视频生成后的功能参数。主要选项卡有 Controller(控制器)、Size(大小)、Video settings(视频设置)、Audio settings(音频设置)和 Options(选项),按需设置好后单击"下一步"按钮,进入"视频选项"设置,如图 4-32 所示,这里可以定制生成视频中包含的信息,包括作者信息和视频指定位置的水印图片等。做好相应设置后单击"下一步"按钮,进入"制作视频"设置对话框,在这一步骤中,用户主要是选择输出位置和可选的上传选项,如图 4-33 所示,如果只要一个指定的视频文件(如.MP4 文件),就取消选中下面几个相关复选框,否则就会创建子文件夹,并把相应的一些附带文件如.swf 文件、.xml 文件、.js 文件、.png 文件、.css 文件等放入到子文件夹中,如图 4-34 所示,也不会通过 FTP 上传视频文件。设置完单击"完成"按钮,等待系统编译生成影片,如图 4-35 所示,这个过程会根据视频的时长而花费不同的时间,请耐心等待。进度条到 100%后,视频将出现在指定的路径下面了。

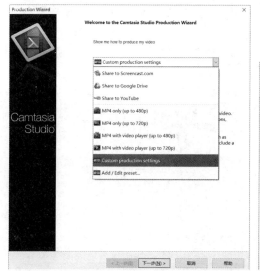

图 4-29

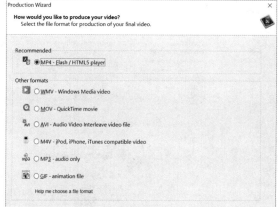

图 4-30

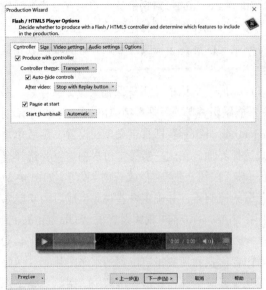

图 4-31

图 4-32

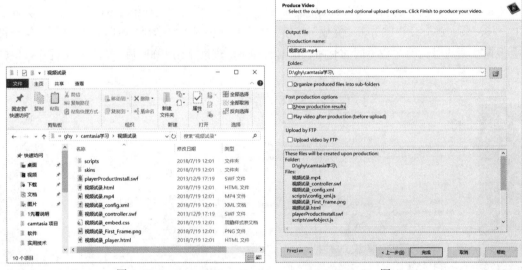

图 4-33

图 4-34

图 4-35

### 4.4.3　实例制作 1——改换视频伴音

该实例的目的是学习如何将已有的视频重新进行剪辑、配乐、配解说、添加片头、片尾等，使之成为符合自己需要的新的视频作品。外语学院学生常参与的"影视英语配音大赛"就是这类作品，制作流程及方法如下。

#### 1. 素材采集

（1）建立一个专用文件夹（如"视频配音"），其内包含"视频""配音""字幕"等下级文件夹，用以保存相关文件。制作作品，应养成一个不随便乱放素材、文件的好习惯，应当每制作一个作品（不管是音频作品、还是图像作品）都建立一个专用文件夹。

（2）根据需要下载相关视频、背景音乐、字幕文字，并保存在相应的文件夹中。

① 视频是该作品的基础，选择一个生动有趣、易于配音的视频很重要。如果网站不提供下载，我们也可以用上节学到的方法，将视频录制下来。

② 由于视频的伴音通常是将道白与背景声混合到一起的，我们无法只去除原道白而保留原背景声，所以只能选择一个与视频画面相匹配的新的背景声（如背景音乐）来替换原视频伴音，另外再添加配音。

#### 2. 素材处理

Camtasia Studio 8 软件能够识别很多现在较流行的音频、视频文件格式，所以不需要做特别处理就可以直接进行视频短片的制作。但是如果网上下载的视频格式或者自己用 Camtasia 录像器录制的.camrec 视频文件相对容量都非常大，则可以先在 Camtasia 中做一个初步的处理，初步剪辑并保存为.MP4 文件格式。以处理"片头.camrec"为例，我们在软件中导入录制好的一段作为片头的录像，并将其拖到时间轴中。这时我们发现时间轴中出现两条有效轨道，Track1 中放置的是对应音频，Track2 中放置的是对应视频，如图 4-36 所示。并且观看一遍后发现画面和音频没有配好。

图 4-36

这时需要我们进行剪辑：首先在 中放大时间轴，再拖动时间刻度上的滑块，观看监视区画面的变化，定位到确切位置，然后鼠标单击一下视频轨道后单击断开视频，将视频分成了两段，最后单击不需要的那块视频，按【Delete】键即可删除不需要的视频段；使用同样的方法把两条轨道上多余不需要部分都剪掉。最后在监视区，可以利用右上角的把画面中上下多余的条裁切掉。这样就处理好了片头素材，如图 4-37 所示。按前面学过的方法保存成"片头.MP4"即可。其他素材也可以按这种方法进行相应处理。

图 4-37

### 3．作品制作

作品制作涉及的相关操作有：视频导入、剪辑、静音、插入背景音乐、插入解说、项目文件保存、视频文件的渲染等。

（1）导入素材

打开 Camtasia Studio 8 软件，选择图 4-23 或图 4-24 中的"Import media"，在"打开"对话框中选择采集好的视频素材，单击"打开"按钮即可导入视频到 Clip Bin 中，其他准备好的素材也可以用相同方法导入，如图 4-38 所示。双击视频文件，可以在监视区播放视频。

图 4-38

（2）将视频拖入"时间轴"

在 Clip Bin 中，显示用户导入的所有素材，用户可以将需要的素材用鼠标左键拖入到时间轴区域的第一条轨道 Track1 上，这时会弹出图 4-39 所示的对话框，让用户选择设置视频的尺寸大小，用户根据需要设置好相应尺寸后单击"OK"按钮确认。然后用户可以将其他素材拖放到需要的轨道上，一般情况下，同一种素材放在同一条轨道上，不同类的素材可以根据设计需要，放置在不同的轨道上。用户可以自由用鼠标左键拖动时间轴轨道上的素材块调整先后位置。

图 4-39

（3）保存项目文件

一般情况下，在制作一个视频短片时，会反复编辑、美化、完善作品，所以应该把项目文件保存下来，以便多次修改完善。保存方法为：单击"File"菜单下的"Save projects"命令，如图 4-40 所示，打开"另存为"对话框，将项目文件（*.camproj）保存在素材文件夹同一路径下即可。以后每次想修改完善作品时只要打开该项目文件即可，但是要注意不要随意改变素材的文件名和路径，否则将无法打开。

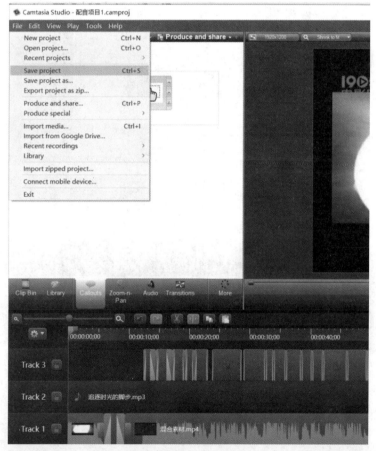

图 4-40

（4）视频素材的剪裁

视频素材的剪裁方法，在素材处理中已经讲过。用户在短片制作过程中也可以进行进一步的细剪，方法一样。

（5）运用转场特效

当用户将多个剪辑好的视频或图片放在时间轴的轨道上后，可以将这些对象通过拖动后无缝连接。为了使得对象间的过渡不是那么生硬，Camtasia 提供了转场特效，单击编辑区下方的Transitions，如图 4-41 所示，可以看到软件一共提供了三十种转场效果。鼠标双击某一效果，可以在监视区看到该效果的转场展示，如果用户对此效果比较满意，则可以用鼠标左键拖动该效果到时间轴轨道对应对象的交接处释放鼠标。这时可以看到对象的交接处出现一小块矩形块，鼠标停放在上面会显示该效果的相关信息，如图 4-42 所示，我们也可以用鼠标改变矩形块的长度，也就是改变转场时长。注意：如果效果被拖到两段视频或图片的中间，则首尾都会出现同一种转场效果。

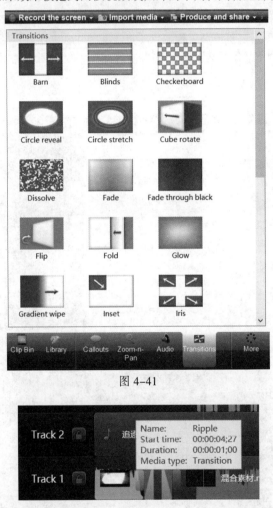

图 4-41

图 4-42

（6）录制自己的道白

使用第 2 章讲过的 Adobe Audition 3.0 或其他录音软件，跟随画面提示及口形录制自己的道白，如果道白较多，可以分段录制以方便使用，录完后运用第 2 章所学技能做必要的处理并保存在专用文件夹中的"配音"文件夹中备用。

（7）使原视频的伴音静音

由于视频伴音中的背景声与道白一般是混合在一起的，想用自己的道白替换原道白必须前将视频伴音静音，方法是：在时间轴轨道上单击需要静音的视频对象后，单击编辑区下面的 Audio，如图 4-43 所示，在编辑区中找到"silence"按钮，单击即可。

图 4-43

（8）插入背景声与道白

① 如果前面已经将所有的声音素材导入到了该项目中，那么，在"Clip Bin"中就已经有了需要的对象；如果之前没有导入过，则操作（1）的步骤。将"Clip Bin"中的背景音乐拖到时间轴新的轨道上，调整位置即可。

如果背景声的长度不合适，可以在音乐轨道中采用与剪裁视频相同的方法剪裁、删除等操作。如果单纯是改变长短，则可以拖动"音块"左右边框改变（如果已经是完整的背景声，则只能变短）。

如果背景声的音量不合适，可以在图 4-43 所示的编辑区找到"Volume down"和"Volume up"两个按钮来调节。

为了使得视频短片听觉上是一个完整的个体，截取好的整段背景音乐也可以设置渐入渐出，都在图 4-43 所示的编辑区，分别为"Fade in"和"Fade out"。

② 将录制好的道白拖到时间轴新的轨道上。

③ 根据画面及口形将道白与画面"对位"。

（9）添加片头片尾

如果使用的视频片断没有类似片头、片尾之类的字幕，可以自行添加，这里编者使用的是"标注"的方法完成的。方法如下：

单击编辑区下方的"Callouts"功能，如图 4-44（a）所示，单击"Add callout"按钮，这时时间轴轨道上会出现一块矩形块，我们可以用鼠标改变矩形块的长度，即片头文字所占时长。从监视区可以看到默认是一个向右的蓝色方向箭头，在编辑区的"Shape"下拉框中选择"Special"

中的"T"，如图 4-44（b）所示，然后可以输入想要显示的文字，设置其字体、字号、字的颜色等，同时也可以在监视区查看显示效果，如图 4-45 所示。其中的"Fade in"和"Fade out"是设置标注进入和消失时占用的时长。

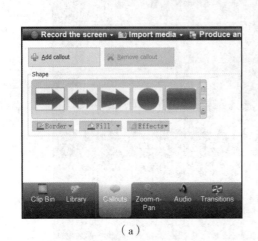
（a）

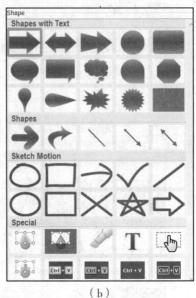
（b）

图 4-44

图 4-45

用同样的方法制作片尾字幕。

（10）视频渲染

完成上述内容后，浏览一下整体效果（尤其是各段的衔接之处），对不满意的地方做进一步的修改，注意保存好项目文件，以便下次做进一步的修改。

确保无误后，就做最后一个渲染成视频的操作，单击编辑区右上方的"Produce and share"，系统将打开图 4-29 所示的生成向导对话框，接下来的步骤与屏幕录像生成视频的方法一样，请参考前面 4.4.2 屏幕录像中的相应步骤。

至此，改换视频伴音的短片已完成。

### 4.4.4　实例制作 2——以图片为素材的宣传短片

该实例的目的是学习如何以图片为素材制作宣传短片，由于许多操作与上一实例相同，故这里只对其制作流程及方法做简要介绍。

#### 1．素材采集

与上例相同，也应建立一个专用文件夹（如"广告短片"），其内包含"图片""音频""字幕"等下级文件夹，用以保存相关文件。根据需要下载相关图片、背景音乐，并保存在相应的文件夹中。为了便于讲解，这里使用学校的一组照片为例，以图片欣赏的形式介绍制作方法，真正意义上的"宣传短片"需要有很好创意及良好的素材组织。

#### 2．素材处理

根据作品需要对图片做必要的调整（大小、色彩等），如果想有一张好的片头图片，还需要进行图像合成，当然也可以加入适当的动画和视频。

#### 3．作品制作

作品制作涉及的相关操作有：图片导入、时长设置、特效、字幕、项目文件保存、视频文件的渲染等。

（1）导入图片

启动 Camtasia 软件后，选择 Import media 导入媒体命令，在"打开"对话框中选择准备好的图片后单击"打开"按钮即可导入图片到 Clip Bin 中，也可以先按【Ctrl+A】快捷操作后再单击"打开"按钮，这样可以一次性导入所有图片。

（2）将图片拖入"时间轴"

按照顺序需要分别将 Clip Bin 中的图片拖动到时间轴中的"Track1"轨道中（见图 4-46），每张图片对应一个"图像块"，其长度越长，播放时停顿的时间也就越长，此时"输出监视器"会显示时间轴滑块所在位置的画面。

图 4-46

几点说明：

① 如果图片用量较少，轨道上的"图片块"要显得拥挤，可以调整时间轴左上角的缩放区改变时间轴的显示效果。

② 系统默认每张图片的播放时间是 5s，用户可以根据需要拖动图片块的左右边以改变播放时长。

③ 一般来讲，景别大的图像播放时间应略长一些，可以拖动"图像块"左右边界进行延长和缩短。"字幕长度"和"转场长度"均可通过拖动的方式更改。

④ 如果插入的图片方向不对，则可以在"Visual Properties"中作相应方向的修改，如图 4-47 所示，修改了"Z"的方向值。如果多张图片都是一样的情况，可以先选中这些图像块统一修改。

（3）运用转场特效

方法同前，不再赘述。

（4）添加字幕

前一例子中，我们是使用 Callouts（标注）中的文本方式来制作自己需要的字幕，这种方式的字幕可以放到任意的位置。在 Camtasia 中，还有一个专门的字幕，这种字幕只能出现在屏幕的最下方。可以选择编辑区下方的"Captions"功能，然后在编辑区上方选择"Add caption media"，这样，在时间轴时间滑块所在位置的新轨道上就会出现一"字幕块"，其默认时长为 4s，用户可以根据需要改变其时长和位置。在编辑区的中间会出现时间滑块所在时间点及后面引导的一个空字幕，用户可以在此处输入自己想要的字幕，如图 4-48 所示。

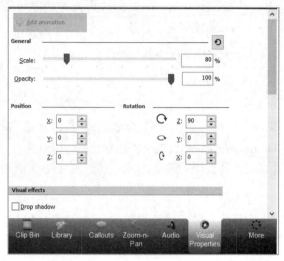

图 4-47

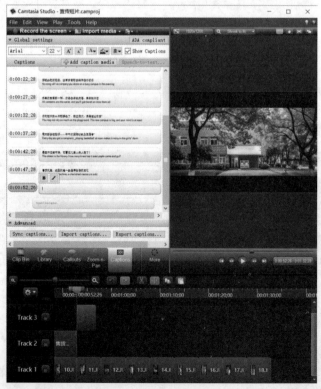

图 4-48

字幕文字的字体、字号、字的颜色和对齐方式都可以在其上方的选项中修改，这里特别指出的是字幕的背景色，一般情况下建议选中"No background"复选框，如图 4-49 所示。

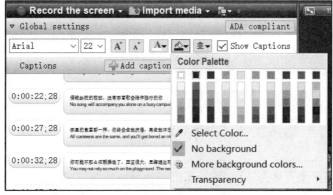

图 4-49

（5）缩放特效

为了使图片欣赏的时候具有一些动感，我们在制作短片时，可以对图片做一个缩放操作，时间轴中的时间滑块定位到需要缩放的图片上，单击编辑区下面的"Zoom-n-Pan"功能，可以看到图 4-50 所示的编辑区，在"Scale"选项中改变其百分比，就可以放大和缩小，例如我们改成 120%，则在图片块中会出现一个横卧的头朝右的羽毛球状，这就表示图片放大区域，我们可以拖动该变化区域的两边，以改变其变化的速度和持续的时间。用户也可以尝试双击这变化区域使其定位到变化结束点，然后在监视区改变图片显示的位置，查看播放效果有何变化。

图 4-50

（6）导入及编辑背景音乐

导入方法同前，不再赘述。

（7）保存项目文件

建议一开始就保存项目文件，制作过程中也该经常保存，以防断电或死机造成前期工作的损失，一次做不完，下次再做是必须要保存项目文件的。

（8）输出影片

按需将短片渲染成自己需要的视频格式，具体方法同前。

# 小　结

本章介绍的视频采集方法大体有"现场拍摄""互联网下载""视频光盘""屏幕录制"等途径。本章涉及一些摄像及编辑制作方面的专业术语，能够较好地理解这些概念会对视频的后期制作提供帮助。

本章着重介绍了 Camtasia Studio 软件的使用。该软件不仅可以编辑制作视频短片，也提供了强大的屏幕录像功能，同时也可以作为视频格式转换的工具，转换的方法实际上就是对视频不做任何处理直接"生成"的过程。

有的软件是专门用来制作三维特效字的，可以结合起来灵活使用。

视频处理软件有许多，就其本身而言，足以构成一门独立的课程。如果非常喜欢视频剪辑，不妨参照相关书籍学习 Adobe Premiere、Sony Vegas 两款更为专业的软件，有些网站提供了视频操作指导，花不多的钱，会使学习效率大大提高。有了本章两个软件的基础，是完全可以通过自学掌握其操作的。

# 思　考　题

1. 简述制作视频作品的过程。
2. 简述为什么要使用"转场"？
3. 反映欢快的场面一般应使用快节奏镜头还是慢节奏镜头？
4. 简述保存项目文件的作用。
5. 将文本信息添加到电影中的不同位置分别有什么作用？
6. "Camtasia Studio 8"可以导入哪些格式的视频文件？

# 第 5 章
## 多媒体作品设计与制作

为了避免读者学习了相关软件使用后停留在只能制作小实例的层面，本章借助大家比较熟悉并广泛使用的演示文稿制作软件 PowerPoint 2010 从几个软件的综合运用角度出发，介绍一个多媒体作品从构思框架到搜集、处理素材，再到素材集成的制作流程，同时希望在制作过程中能使前几章的内容及 PowerPoint 2010 软件有进一步的巩固与提升。

下面以《京剧欣赏与学唱》公选课制作的作品为例，在不过多涉及 PowerPoint 具体技术的前提下，介绍作品的制作过程，力图将常用的音频、图像、视频的采集与处理技术及与之相关软件的使用方法融入其中，以期比较全面地解决演示文稿制作所遇到的多媒体相关技术问题，并在综合应用方面起到抛砖引玉的作用。

## 5.1 前 期 准 备

### 5.1.1 作品结构的规划

制作一个多媒体作品，首先应根据需要对作品的架构有一个明晰的制作轮廓，预先构思出一个作品结构示意图，图 5-1 所示为根据课程特点及大纲构思的展示内容，该页幻灯片可以先规划出来。

图 5-1

### 5.1.2 作品素材的搜集与整理

为了能够在制作过程中方便地找到各种素材，应养成一个良好的制作习惯，首先建立一个名为"结业设计"的文件夹，在其内建立"文字""图片""音频""视频"等文件夹［见图 5-2（a）］，然后将所要用到的多媒体素材预先保存到相应文件夹后再使用。

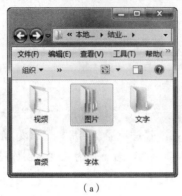 

（a）　　　　　　　　　　　　　　　（b）

图 5-2

对于图片素材，为了便于修改及使用，应建立图 5-2（b）所示的文件夹，"原图"文件夹用来保存搜集未经处理的图片，psd 文件夹保存的是 Photoshop 源文件，jpg、png、两个文件夹用来存放根据制作需要处理的两类格式的图片文件。

对于音频、视频素材，如果涉及数量很多，也应在其文件夹内建立分类文件夹，用来分门别类的保存各类文件，便于进一步的修改。

## 5.2　首页及跳转页制作

做完前面的准备工作，便可用学过的 PowerPoint 2010 软件对多媒体元素进行集成了。根据一般制作习惯，采用边制作、边处理的方式进行。为了使制作的演示文稿更具个性，建议采用"空白"幻灯片版式，自行添加、设置幻灯片中的对象，以使制作能力得到比较全面的提高。

### 5.2.1 作品首页制作

好的作品首页会给人一种眼前一亮的感觉，如果读者对三维视频特效字的制作有一定的基础，可以制作一个视频标题，将事先制作好的视频插入（方法：选择"插入"→"视频"→"文件中的视频(F)..."命令）。视频片头文件也可以从网上下载，再用视频编辑软件剪辑成恰当的长度。为了美观，应注意使幻灯片的背景与视频在色彩、明暗等方面协调。

#### 1. 确定幻灯片大小

在宽屏液晶显示器普及的今天，为提高其有效使用面积，应将幻灯片的长宽按 16∶9 的标准设置。虽然在"设计"选项卡中的选择"页面设置"中有专门的一个 16∶9 选项，但仍建议以"自定义"方式按 16∶9 比例设置宽、高，例如宽 32 厘米、高18 厘米，如图 5-3 所示。

图 5-3

### 2. 制作首页背景图

本例将具有代表性的"生旦净丑"合成在一幅画布上（见图 5-4），画布填充成自己喜欢的颜色，该例采用 RGB（200，0，0）。

图 5-4

制作步骤如下：

（1）按幻灯片大小新建画布（见图 5-5）。

图 5-5

（2）将所用照片拖入画布中，使用"自由变换"（快捷键为【Ctrl+T】）调整其大小，再使用移动工具调整位置。

（3）使用前面学习过的蒙版合成图像的办法将人物主体之外的内容"涂抹"掉，此时一般需要反复调整大小及位置以达到预想效果，中间部分没放图片是为了单独显示标题文字。

（4）存一个 PSD 格式以备修改，再存一个用在 PPT 中的 JPG 格式。

### 3. 制作片头文字

利用 Photoshop 软件，根据幻灯片大小制作一个带有外发光效果的 PNG 格式的标题图片（见图 5-6）。

图 5-6

制作步骤如下：

（1）启动 Photoshop，使背景颜色为较深的颜色（如还用与图 5-4 所示相同的颜色，便于观察运用"图层样式"后的效果）。

（2）参照幻灯片大小新建一个红色背景的画布，应注意"色彩模式"为"RGB 颜色"，"宽度""高度"值参照幻灯片大小。

（3）使用文字工具，输入"京剧""欣赏学唱""与"几个字，该例将"欣赏""学唱"拉开间距，再填充一个正圆图形，再将"与"字与正圆图形对齐。根据窗口大小设置文字的大小、字体（可以添加自己喜欢字库）、间距等。

（4）对文字图层运用"图层样式"添加诸如"斜面和浮雕""外发光""描边"等效果（见图 5-7）。该例只设置了白色描边。

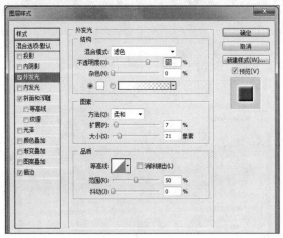

图 5-7

（5）使用"剪裁工具"对图片进行适当剪裁，保留的部分不宜过多，以不影响发光效果为准。删除或隐藏背景图层（见图 5-8），将文件保存为一个 PSD 格式和一个 PNG 格式，分别保存在各自的文件夹中。

图 5-8

**4. 制作演示文稿"首页幻灯片"**

具体操作可参照如下步骤进行：

（1）将背景合成图片（见图 5-6）插入到"首页"幻灯片中，如果没能布满整个幻灯片，可以拖动"角控点"使其布满整个页面（见图 5-9）。

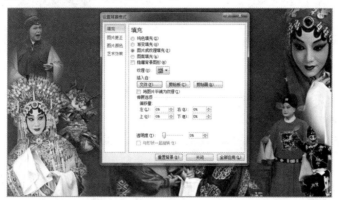

图 5-9

也可以将幻灯片背景通过"插入自:"下的"文件(F)…"的方式设置，此时该背景图不是作为一个对象插入的，它的动画效果只能通过设置幻灯片"切换"效果来实现。

再插入标题文字图片（见图 5-8），调整它们的位置及大小后如图 5-10 所示的效果。

图 5-10

（2）制作首页对象动画：使用"自定义动画"功能，根据个人喜好依次设置背景图、标题的"进入"，动画效果"持续时间"一般应和"片头音乐"的长度协调才好。

（3）打开"动画窗格"，在背景图片的"效果选项"中将使用音频编辑软件剪辑并添加了淡入淡出效果的 WAV 格式的片头音乐导入（见图 5-11），如此设置的结果是播放背景合成图的同时播放声音，此类设置片头声音的做法仅适用于一般只有几秒时间的片头，因为必须使用 WAV 格式，片头时间过长会使演示文稿的文件无谓增大。编者的这种做法算是介绍了一种片头音频的插入技术，当然也可以使用 WMA 格式，以对象的方式插入（选择"插入"→"音频"→"文件中的音频"命令），将其设置成最先播放。根据经验，制作演示文稿插入的音频、视频文件应使用微软自家的格式，即音频 WMA、视频 WMV，会避免在其他计算机上无法正常播放的现象。

至此，"首页幻灯片"制作完成，共涉及图像调整、合成、按 16∶9 宽屏幕比例设置 PPT 幻灯片、图层样式、字库添加、文字工具、图层样式、首页动画、片头 WAV 音乐等制作技术。

图 5-11

### 5.2.2 一级跳转页制作

跳转页如图 5-12 所示，涉及的相关技术如下：

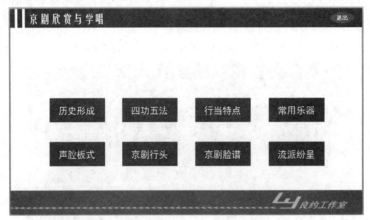

图 5-12

#### 1. 图形的排列

"历史形成""四功五法"等八部分内容由矩形图形上通过右击→快捷菜单中"编辑文字"的方法制作。技巧是，做好一个之后，其他几个通过复制的方式得到，只需要修改图形上的文字内容就可以了，再通过 PowerPoint 的"排列"→"对齐"等功能自动调整各矩形位置。

#### 2. Logo 的制作

图 5-12 所示下方的 Logo"良约工作室"是在母版里插入的，编者用 Photoshop 制作。制作时，应参照幻灯片页面的大小确定画布大小，为了能够看清显示效果，应在一个深色背景图层上方的新建的普通图层上操作（见图 5-13），完成制作后再把背景图层置于不可见状态，另存成 PNG 格式的文件备用（见图 5-14）。

图 5-13

图 5-14

### 3．取消幻灯片切换方式

为了播放到该页时单击鼠标不再播放下一页，应取消选中该页的"切换"中的"换片方式"中的"单击鼠标时"及"设置自动换片时间"复选框（见图 5-15），这样做也相当于给使用者一个"暗示"，暗示该页需要单击相关链接才能正常演示相关内容。

图 5-15

后续对该幻灯片的完善工作只是设置各部分内容的超链接了。

## 5.3　相关模块制作

由于有些模块的制作技术相同，没必要按实际制作顺序按部就班罗列一遍，只把几个涉及共性技术和音频、视频技术的模块中编者的习惯制作方法予以介绍。

### 5.3.1　类似导航栏效果的制作

以"行当特点"为例，由于该模块涉及的内容比较多，应制作二级跳转页，将"行当特点"链接到图 5-16 所示的幻灯片，再比如将"旦"接到图 5-17 所示的幻灯片。

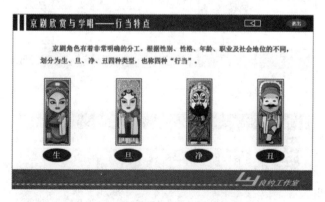

图 5-16

### 1．功能效果

单击左侧类似"导航栏"中的图形（相当于"按钮"），可以跳转到相应幻灯片，由于所用到的图片预先在 Photoshop 处理时采用统一的"自定义"剪裁，使它们大小、分辨率相同（见图 5-18），此例，分辨率 72dpi、宽 288 像素、高 432 像素。单击"导航栏"上的图形时，内容虽然变化了，但图片大小、区域大小均不会改变，从而避免了播放时幻灯片对象跳跃的现象（见图 5-19、图 5-20）。

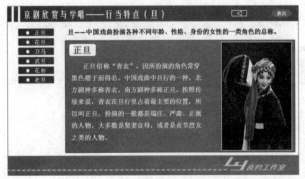

图 5-17

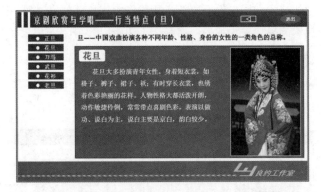

图 5-18

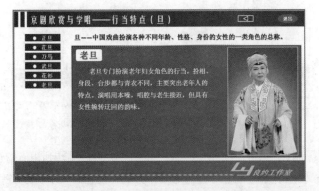

图 5-20

**2．制作方法**

（1）先做好"旦"模块中的第 1 张幻灯片（正旦），包括底图、返回按钮等要素，而后根据内容需求复制几张幻灯片，修改相应内容。

（2）设置涉及"导航栏"各图形除文字不同外，其余都相同（做好一个，复制所需个数，再修改图形上面的文字，排列对齐）。

（3）将第 1 张幻灯片"导航栏"中的色块链接到各自对应的幻灯片上（见图 5-21、图 5-22、图 5-23），这三张图中的左侧"导航栏"是空的。

图 5-21

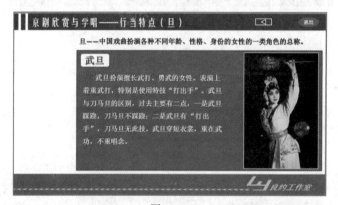

图 5-22

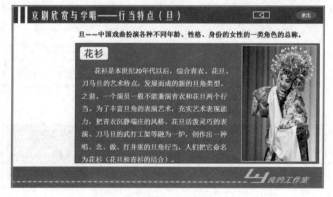

图 5-23

（4）再将第1张幻灯片"导航栏"中的色块复制到该模块的其他幻灯片上。

（5）运行观看效果，检查链接设置是否正确，假如设置正确，则会感觉用这种技术演示相关内容非常方便。

虽然这种效果也可以通过"触发器"的方式实现，但制作起来不如这样方便。

### 5.3.2 音频相关模块的制作

#### 1．功能效果

"常用乐器"页的功能效果是，指向一种可以播放该乐器的一小段音频，图5-24所示为指向月琴时的提示，单击播放按钮即可听到相关乐器的声音。

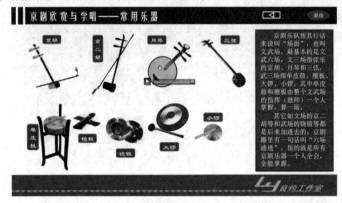

图 5-24

#### 2．制作方法

（1）在该幻灯片中选择"插入"→"音频"→"文件中的音频(F)..."命令，找到预先处理好的音频（见图5-25，最好是WMA格式），插入音频后如图5-26所示。

图 5-25

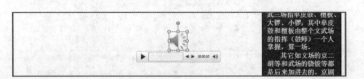

图 5-26

（2）右击灰色的小喇叭，在弹出的快捷菜单中选择"更改图片(A)..."命令，找到事先制作好的图片（见图 5-27，最好是 PNG 格式，如果是 JPG 格式，则会因幻灯片背景颜色与乐器背景不同而显得不美观）。

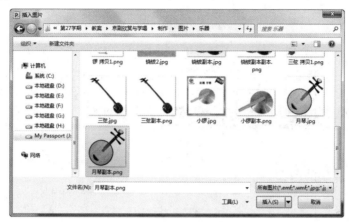

图 5-27

（3）按同样方法将其他乐器音频插入，并修改相应的图片，再统一调整图片的大小、位置，使布局美观。

另外，这里再分享一下编者制作该演示文稿时的两条制作经验。

经验一，通过"更改图片(A)"方法将灰色小喇叭个性化的作法只适合图片不太大的情形，如果所需图片较大（本例对打击乐音频没有单独插入，而是合在一起的，于是，图也就是音频中包含的所有打击乐的合成），则会出来图 5-28 所示的情况，图片看上去显得比较粗糙，与上面的小图相比差别明显。

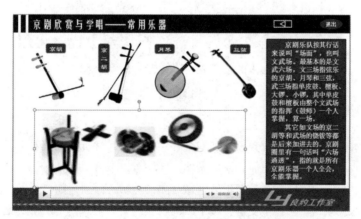

图 5-28

解决的办法是，先在该位置插入一张合成好的图，调整好大小和位置（由于不是通过上述"更改图片(A)..."的方式导入的，所以显示效果正常），再做一张空的 PNG（通过原合成图的各图层隐藏所得），将空的 PNG 作为乐器的示意图导入。此时，看到的实际不是采用"更改图片(A)..."的方式导入的图片，而是事先插入的图片，这个"空图"起提示播放的作用。

经验二，将幻灯片背景颜色设置成纯色（建议白色），选择纯底色（建议白色）器乐便于制作，直接使用 JPG 格式即可与背景融合，回避了为了获得 PNG 格式的图片而耗费时间的抠图工作。

对于需要借助某张幻灯片播放音乐唱段，也可以采用类似的方法制作，音频文件不算大，不建议采用图 5-29 所示右下角的"链接到文件(L)"方式。

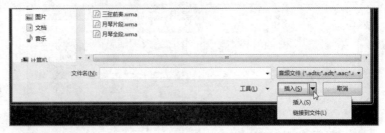

图 5-29

### 5.3.3 视频相关模块的制作

#### 1. 功能效果

该例的"声腔板式"部分涉及与视频相关的技术（见图 5-30），使用时通过单击"听听专家怎么说"链接标记，通过计算机安装的视频播放软件播放其链接的视频。

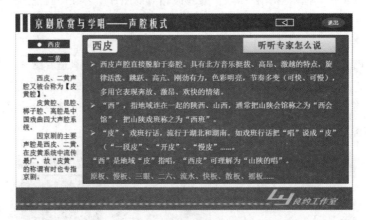

图 5-30

#### 2. 制作方法

图 5-30 所示实际上并未将视频插入到幻灯片中，只是将"听听专家怎么说"链接到其相应的视频文件上，如果想采用类似前面音频的做法，应注意以下事项。

（1）事先将下载的视频使用视频编辑软件做必要的剪辑，添加诸如"淡入、淡出"之类的特效。如果所使用的视频编辑软件不支持直接下载的视频格式，则需使用"格式工厂"之类的软件将其转成可识别的格式。

（2）如果想将视频嵌入，则出于兼容性考虑，建议使用微软本家的视频格式（WMV 格式），常会遇到 PowerPoint 自身无法播放 MPG、MP4 之类的视频文件而弹出提示选择视频播放软件的对话框。有的视频剪辑软件可以直接渲染成 WMV 格式，无 WMV 格式渲染输出的则需要使用"格式工厂"之类的软件将其转成 WMV 格式。

（3）与音频文件的插入相同，插入视频文件也有"嵌入"与"链接"两种方式，默认为嵌入方式。建议对于视频片断采用"嵌入"方式，即按默认方式插入，较长时间的视频，采用"链接"的方式，不会增加演示文稿大小。

（4）采用选择"插入"→"视频"→"文件中的视频(F)…"命令，找到预先处理好的视频文件（见图 5-31 所示，最好是 WMV 格式）。

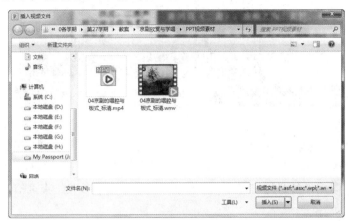

图 5-31

不论是"嵌入"方式还是"链接"方式，插入视频文件后均与图 5-32 所示类似，可以方便地调整视频窗口的大小和位置，也可以视频为主占一张幻灯片的大部分（见图 5-33），以增加视频画面大小。

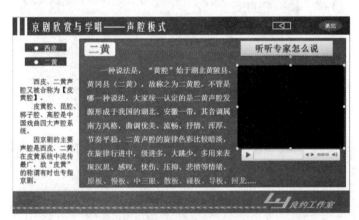

图 5-32

由于专家讲解的视频时间比较长，因此建议采用"链接"方式，不论是像图 5-30 所示将"听听专家怎么说"做链接标记链接到视频文件，还是在插入视频时选择了"文件中的视频"，后续提到的作品打包时都会在打包的文件夹中另外看到视频文件。

为保证单击幻灯片时不会向下按顺序播放，也应按前面的图 5-15 所示将每个模块的最后一张幻灯片的"切换"中的"单击鼠标时"及"设置自动换片时间"取消。

最后制作一个结束页幻灯片，制作时也应注意幻灯片内各对象的动画效果、音乐等，为避免单击最后一页会出现黑屏结束画面，也可以将这张幻灯片的"单击鼠标时"及"设置自动换片时间"取消。

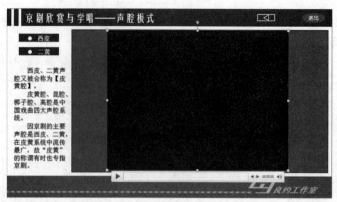

图 5-33

　　在图 5-1 所示幻灯片中添加一个"退出"按钮，其"超链接"设为"超链接到最后一张幻灯片"，其他页如果需要，也可以复制过去，该例从一开始就做好了这个"退出"设置，后续修改、增删幻灯片时会连同用来参照的幻灯片一并复制了过来。最后一张结束页幻灯片完成后的外观如图 5-34 所示。

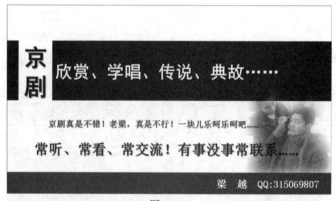

图 5-34

　　将演示文稿整体运行一遍，检查各链接是否正常，能否正常播放声音和视频。为了美观，还可添加一些必要的自定义动画及幻灯片切换效果。

　　本例制作完成后，在"幻灯片浏览"视图中展示的部分幻灯片如图 5-35～图 5-40 所示，图 5-35 所示的第一张黑色幻灯片是编者做这类教学幻灯片的习惯，目的是讲解前投影屏幕上是没内容的而且是感觉没开投影，开讲时单击鼠标即可切换到主页。

图 5-35

图 5-36

图 5-37

图 5-38

图 5-39

图 5-40

# 5.4 作品的打包

为了避免以链接方式插入的音频和视频文件在存放路径改变时出现找不到音频、视频文件的现象，同时也为了保证在没有安装 Office 办公软件的计算机能正常播放，应将其"打包成 CD"，之后便可以在其他计算机上正常播放了。

## 5.4.1 操作流程

选择"文件"→"保存并发送"→"将演示文稿打包成 CD"→"打包成 CD"命令，在弹出的"打包成 CD"对话框中将 CD 命名，如"京剧欣赏与学唱"（见图 5-41），也可以不更名，它的作用只是在通过"复制到 CD(C)"直接刻录光盘时，使光盘有个"卷标"。

图 5-41

单击"复制到文件夹"按钮（不是真正要刻录光盘），弹出图 5-42（a）所示的对话框，单击"浏览"按钮，从弹出的对话框中选择一个保存位置〔见图 5-42（b）〕。

（a）

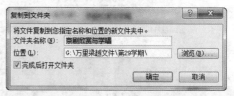

（b）

图 5-42

单击"确定"按钮，弹出图 5-43 所示的提示确认对话框，单击"是"按钮开始打包。

图 5-43

如果选中"完成后打开文件夹"复选框，则完成打包后会弹出图 5-44 所示的文件夹，图中视频文件"04 京剧的唱腔与板式_标清.wmv"是因采用链接方式插入的原因，如果采用的是嵌入方式，就不会出现在该文件夹中了。

图 5-44

再单击图 5-41 所示的"关闭"按钮完成作品的整个打包过程。

## 5.4.2 打包完成后的相关文件

如果是 PowerPoint 2003 的打包操作（图 5-45 所示为以 PowerPoint 2003 版本时制作的演示文稿为例），打包成 CD 后会自动将所有的视频、声音等文件复制到同一个目录下。

图 5-45

图中的 pptview.exe 为 PowerPoint 播放器，只要将这个文件夹复制到别的计算机上，不管别的计算机上有没有安装 PowerPoint 都能正常播放。运行 pptview.exe 文件，在弹出的对话框中打开"结业设计.ppt"演示文稿或在安装有 PowerPoint 2003 的计算机上直接运行它都可以正常播放。

如果是 PowerPoint 2010 打包操作，则相关文件夹中的内容如图 5-44 所示。

需要说明的是，即使是将 PowerPoint 2010 制作的演示文稿打包成 CD，也不能直接在无PowerPoint 2010 的计算机中播放，原因是现在的 PowerPoint 2010 版，打包后里面没有播放器，解决办法是打开 PowerPoint 2010 打包成 CD 文件夹（见图 5-44）中的 PresentationPackage 文件夹里的 PresentationPackage.html 网页文件，单击打开网页如图 5-46 所示。

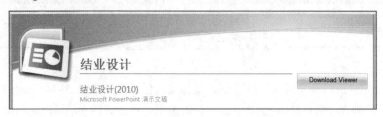

图 5-46

下载播放器，再在别的计算机上安装播放器（见图 5-47）即可播放了。

另外，如果想要在安装 PowerPoint 2003 的计算机上修改 PowerPoint 2010 制作的演示文稿，则会提示需要从微软官网下载并安装"2007 Office system 兼容包"（见图 5-48）。

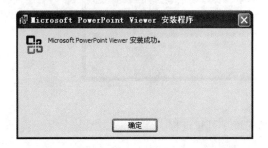
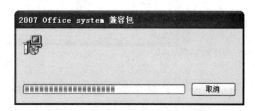

图 5-47　　　　　　　　　　　　　　　　　图 5-48

兼容包安装完毕后，原使用 PowerPoint 2010 制作的演示文稿图标会呈现图 5-49 所示的样子。

图 5-49

# 小　结

本章以制作的"京剧欣赏与学唱"演示文稿为例介绍了多媒体作品制作的整体思路、前期准备及制作流程。从作品结构的规划入手，通过图片、音频、视频等素材的搜集与整理将前几章学过的知识与技能在综合实例中得到具体应用。

本演示文稿的制作特点是通过超链接使各部分内容形成一个整体，其放映灵活性大大高于一般顺序播放的演示文稿。在制作过程中介绍了音乐的播放、视频的播放、限制顺序播放等一些实用的操作技巧。通过本章学习，读者不但可以掌握一些制作技巧，更重要的是对如何制作一个内容丰富的演示文稿作品有了深入理解。

# 思 考 题

1. 制作一个演示文稿的大体步骤有哪些？

2. 如何使用 Photoshop 软件制作标题文字，应保存为什么格式的文件？

3. 如果想使插入到幻灯片页面中的图片边缘柔和，应对图片如何处理？应使用什么格式的文件？

4. 为避免单击幻灯片会按编号顺序跳到下一张，应如何设置换片方式？

5. 如果想使幻灯片中的对象等间距排列，应如何设置？

6. 如果想使幻灯片中的图片具有相同的边框，该如何操作才方便快捷？

7. 假如想使各幻灯片中的图片或视频的画面大小、位置相同，应在"设置图片格式"对话框中做哪些设置？

8. 为什么要将演示文稿打包成 CD？简述其步骤。

# 第6章 上机实验指导

为了在各章内容的学习过程中能及时巩固、补充和提高，将该教材涉及的操作技能划分为 11 个实验做概要性的操作提示，以方便教师及学生根据课时量选择使用。

## 实验 1　MindManager 软件的使用

### 一、实验课时

2 课时

### 二、实验目的与要求

掌握 MindManager 软件绘制思维导图的基本技巧。

### 三、相关内容

1. MindManager 软件的下载和安装，注意安装技巧。
2. 根据自己的兴趣点和知识储备确定中心主题。
3. 针对中心主题梳理相关分支并提取关键字。
4. 熟悉 MindManager 软件的基本使用。
5. 绘制一幅内涵丰富、整体平衡、布局合理、层次清晰、画面饱满的电子版思维导图。
6. 保存成*.mmap 导图格式和*.jpeg 图片格式的文件。

### 四、操作指导

参考教材第 1 章相关内容完成以下操作：

#### 1. MindManager 软件的安装

（1）到相应位置下载 MindManager 软件或者到网络上下载其他的思维导图制作软件。

（2）按照老师的指导进行思维导图软件的安装，注意延长软件使用时间的设置。

#### 2. 确定中心主题、各级分支和关键字信息

（1）根据自己的知识储备确定自己比较熟悉且分支较多的中心主题。

（2）在明确的中心主题基础上梳理各分支，斟酌各层各级的主要关键字，尽量要体现自己真实的知识结构和内心的想法。

#### 3. 思维导图 MindManager 软件的基本使用

（1）启动 MindManager 软件，选择空白模板的某一导图格式或者直接使用一些指定的本地模

板进行思维导图的绘制。

（2）进入编辑界面后根据之前构思的中心节点和各级分支进行思维导图的绘制。

（3）基本结构完成之后，进行美化思维导图的操作，包括导图样式的选择、字体大小、各分支的颜色、分支的各种格式等。

（4）经过一系列操作的思维导图就会充满艺术感，制作思维导图既要有艺术更要有技术的支撑。

（5）最后保存成思维导图文件或图片格式的文件。

根据以上的操作技巧和步骤绘制一幅内涵饱满、整体平衡、布局合理、层次清晰、画面丰富的电子版思维导图。完成后的作业请将导图的原图和图片格式的导图文件上传到相应的网上课堂作业区。

# 实验 2　制图软件 Microsoft Visio 2010 的使用

## 一、实验课时

2 课时

## 二、实验目的与要求

掌握制图软件 Microsoft Visio 2010 绘制各种图形的基本技巧。

## 三、相关内容

1. Microsoft Visio 2010 软件的下载和安装，注意安装技巧。

2. 梳理好自己的知识结构，针对自己可以绘制的图进行相关的知识储备。

3. 针对自己准备绘制的图进行文字到图表的转换。

4. 熟悉 Microsoft Visio 2010 软件的基本使用。

5. 绘制几幅自己感兴趣的图，诸如平面图、组织结构图、程序流程图、网络图和因果图（鱼骨图）等。

6. 保存成.vsd 绘图格式和.Jpeg 图片格式的文件。

## 四、操作指导

参考教材第 1 章相关内容完成以下操作：

### 1. Microsoft Visio 2010 软件的安装

（1）到相应位置下载 Microsoft Visio 2010 软件。

（2）按照老师的指导进行 Microsoft Visio 2010 软件的安装，注意激活该软件。

### 2. 确定自己绘制的 Visio 图的格式，可以多绘制几种形式的图

（1）根据自己的构思和设想完成平面图、因果图等的绘制。

（2）根据自己调查或梳理的文字信息转换成图的形式，绘制组织结构图、程序流程图或网络图等。

### 3．制图软件 Microsoft Visio 2010 软件的基本使用

（1）启动 Microsoft Visio 2010 软件，选择 Visio 提供的模板的某种格式进行相关图的绘制。

（2）进入编辑界面后，根据自己的创意或构思进行居室或办公室平面图、因果图（鱼骨图）等的绘制；根据之前准备的文字信息到 Visio 图的绘制的转换进行组织结构图、流程图或网络图等的绘制。

（3）基本结构完成之后，针对某些图要进行连线的操作，这个操作是个技术活，要有一定的耐心，文字的编排也是一个技巧活，记得要多做，熟能生巧，做多了自然就熟练了；完成以上内容后之后进行美化 Visio 图的操作，包括字体大小、填充颜色、线条颜色、阴影等的设置。

（4）经过一系列操作的 Visio 图既能体现你用文字无法让人一目了然的意图，也会将你的想法变得更加生动活泼。

（5）最后保存成绘图文件或图片格式的文件。

根据以上的操作技巧和步骤绘制几幅体现自己知识水平和绘制技巧的 Visio 图。完成后的作业请将 Visio 图的原图和图片格式的文件上传到相应的网上课堂作业区。

## 实验 3　Adobe Audition 3.0 常用操作

### 一、实验课时

4 课时

### 二、实验目的与要求

1．掌握 Adobe Audition 3.0 软件的常用操作方法。

2．掌握现场声的录制及处理方法。

3．掌握多音轨合成的方法。

### 三、相关内容

1．录音前的硬件准备及声卡的软件设置。

2．录制人声的基本操作、音频文件的保存。

3．音频的剪辑、噪声的消除、音量大小的调整。

4．"图形均衡器"的使用、"完美混响"效果的添加。

5．音频文件的导入。

6．背景音乐的处理（音量、淡入/淡出等）。

7．音轨中音频位置的调整。

8．背景音乐与现场声的合成方法。

### 四、操作指导

以自己的"学号–姓名–班级"创建文件夹，参考教材第 2 章相关内容完成以下操作：

### 1．录制一段现场声

（1）录音前的准备工作。

（2）声音的记录与保存。

（3）声音试录。

（4）正式录音。

此处提供一段文字供参考：

干干净净的蓝天上，偷偷溜来一团乌云，风推着它爬上山头。山这边，田里的庄稼，像绿海里卷来的一道道浪花。一个只穿一条短裤的男孩子，挥着一根树枝，树枝挂满绿叶，歌谣般亲切、柔和。他看管着一头雪白的小山羊，山羊悠闲地吃着青草……

在录音过程中，如果哪一部分读错，不必停录，可把读错的句子重读一遍，后期做剪辑时再将读错的部分去掉。

（5）保存录音。

将录制的声音以"练习 1.mp3"为名保存到自己的"学号–姓名–班级"文件夹下的"实验 3–1"文件夹中，作为本次实验的练习 1。

### 2．音频文件的处理

（1）声音的剪辑。

（2）对"练习 1.mp3"进行剪辑操作，将空白时间过长及读错的部分剪裁掉，使朗读有流畅的感觉。

（3）调整音量大小。

（4）声音的降噪处理。

（5）将"剪辑""调整音量""降噪"后的声音以"练习 2.mp3"为名，另存到自己的"学号–姓名–班级"文件夹下的"实验 3–1"文件夹中，作为本次实验的练习 2。

（6）用"图形均衡器"调整音色。

（7）用"完美混响"添加混响效果。

将经过音色调整和添加混响效果后的声音以"练习 3.mp3"为名，另存到自己的"学号–姓名–班级"文件夹下的"实验 3–1"文件夹中，作为本次实验的练习 3。

### 3．配乐朗诵制作

（1）建立一个文件夹"实验 3–2"，用以保存下面的"配乐.mp3""朗诵.mp3""配乐朗诵.ses"和"配乐朗诵.mp3"。

（2）下载一个与朗诵内容相适宜的背景音乐，以"配乐.mp3"为文件名保存。

（3）将录制好的朗诵（练习 3.mp3）以"朗诵.mp3"文件名保存。

（4）将"配乐.mp3"及"朗诵.mp3"合成，以"配乐朗诵.ses"为工程文件名保存。

（5）将混缩合成后的文件以"配乐朗诵.mp3"为文件名保存。

### 4．将三段音频组接到一起

（1）建立一个文件夹"实验 3–3"，用以保存三段素材音频、工程文件及最终生成的混缩音频，建议以 mp3 格式保存。

（2）根据个人喜好下载三段音频。

（3）在多轨视图中将三段音频导入，以"三段组接.ses"为工程文件名保存。

（4）剪辑各段音频、调整位置、选择切换方式（硬切、V 切、X 切）。

（5）将混缩合成后的文件以"三段组接.mp3"为文件名保存。

### 5．录制自唱歌曲

（1）建立一个文件夹"实验3-4"，用以保存下面的"伴奏.mp3""演唱.mp3""个人演唱.ses"和"个人演唱.mp3"。

（2）下载一个伴奏音乐，以"伴奏.mp3"为文件名保存。

（3）跟随伴奏演唱，将其处理、修饰后以"演唱.mp3"为文件名保存。

（4）以"个人演唱.ses"为文件名保存该工程文件。

（5）将混缩合成后的文件以"个人演唱.mp3"为文件名保存。

最后，将"学号-姓名-班级"文件夹压缩后上交，该文件夹内应有"实验3-1""实验3-2""实验3-3""实验3-4"四个下一级文件夹，其内保存有相关文件。

### 6．作为音频大作业的要求（仅供参考）

（1）以自己的"学号-姓名-班级"为名创建的文件夹中的内容如图6-1所示。

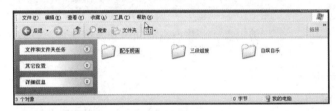

图6-1

（2）各自文件夹中的文件如图6-2所示。

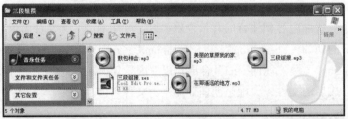

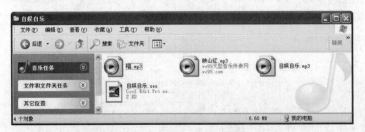

图6-2

（3）所有音频素材的内容、风格不限，但必须为 mp3 格式，混缩另存的成品文件也必须是 mp3 格式。

（4）各成品文件的时长分别为："配乐朗诵"（1 min 左右）、"三段组接"（1 min 左右）、"自娱自乐"（全曲或一段）。

（5）全部完成后，将自己的"学号–姓名–班级"文件名压缩成 RAR 格式的文件后，上传到专用服务器相应文件夹中。

# 实验 4　Photoshop 常用操作（一）

## 一、实验课时

2 课时

## 二、实验目的与要求

1. 熟悉 Photoshop 软件环境。
2. 理解图层概念（背景图层、普通图层、文字图层）。
3. 掌握图片保存、另存的方法。
4. 掌握图片的导入、保存、另存及改变大小的方法。
5. 掌握图片的常用处理方法。
6. 加深图层概念的理解，理解不同图片格式的显示效果。

## 三、相关内容

1. Photoshop 软件工作环境及其设置。
2. "三原色与三补色"示意图制作。
3. 掌握文字的添加与相关设置。
4. 形状图层创建与应用。
5. 剪裁工具的使用，图层的复制、移动、删除、排列。

## 四、操作指导

### 1. 软件设置

参照第 3 章相关内容熟悉以下操作：

（1）程序的运行与关闭。

（2）使用"复位调板位置"使窗口呈最常用的布局。

（3）"首选项"对话框中的相关设置。

### 2. 三原色与三补色

操作提示：

（1）以自己的"学号–姓名–班级"为名建立文件夹。

（2）参照第 2 章相关内容，依照图 6–3 所示完成关于"三原色与三补色"示例图的制作。

（3）将以"三原色和三补色"命名的源程序文件及默认文件名的 JPG 压缩文件保存在该文件夹中。

（4）将"学号–姓名–班级"为名建立文件夹压缩后上交。

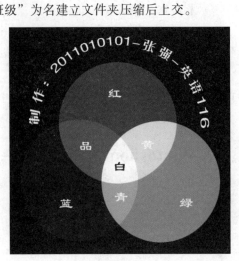

图 6–3

### 3．不同文件格式的显示效果

对下载的图片，参照第 3 章相关内容，依照图 6-4 所示完成关于 JPG、PNG、GIF 三种格式制作，并将这三种格式的图片插入到演示文稿中观察效果。

图 6–4

（1）以自己的"学号–姓名–班级"为名建立文件夹下载一张合适的图片保存在该文件夹中。

（2）参照第 2 章相关内容，对该图片进行各种调整，体会其用法。

（3）借助形状工具对该图进行处理，将三种格式的图片文件保存在以自己的"学号–姓名–班级"为名的文件夹中。

（4）以"三种格式"为名建立一个 PPT 文件，将三种格式的图片插入其中的一张幻灯片中，保存 PPT 文件。

（5）将"学号–姓名–班级"为名建立文件夹压缩后上交，该文件夹内应有 1 张素材图片、3个不同格式的图片文件、1 个 PPT 文件。

# 实验 5　Photoshop 常用操作（二）

## 一、实验课时

2 课时

## 二、实验目的与要求

1. 调整图像的色阶。
2. 调整图像的形变、调整图像的色彩平衡、亮度/对比度、调整色相/饱和度。
3. 改变画布大小、局部调整图像。
4. 旋转图像、椭圆选区的创建、羽化与填充。

## 三、相关内容

1. 使用色阶对过曝、欠曝的照片做调整。
2. 对有形变的翻拍物做整形调整，并尝试通过图像的各项调整功能美化图片。
3. 以拉长腿部为例对局部不满意的图片做局部拉长处理。
4. 对倾斜的照片调正并通过填充周边美化。

## 四、操作指导

对素材图片，参照第 3 章相关内容熟悉以下操作：

### 1. 过曝与欠曝调整

将过曝（见图 6-5）、欠曝（见图 6-6）的两张照片通过调整色阶使其达到美化的目的。

图 6-5

图 6-6

### 2. 自定义剪裁

将下载的图片按个人喜好比例、大小、分辨率实施自定义剪裁。此例一是为了给制作演示文稿在插入图片调整大小、位置时提供方便，二是为了学会将大图剪裁成小图的方法。

### 3．形变调整

此例涉及自由变换（斜切或扭曲）、标尺、参考线、剪裁、色阶、色彩平衡、亮度/对比度、色相/饱和度等相关操作（见图 6-7）。

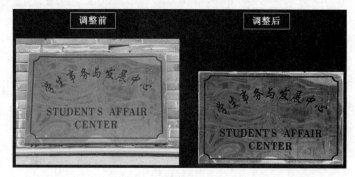

图 6-7

### 4．腿部拉长

此例涉及扩展画布、矩形选区、自由变换（缩放）、剪裁等相关操作（见图 6-8）。

图 6-8

### 5．周边填充

此例涉及自由变换（旋转）、椭圆选区、变换选区、羽化、复制图层、新建图层、吸色器、填充前景色、移动图层、剪裁等相关操作（见图 6-9）。

图 6-9

# 实验 6　Photoshop 常用操作（三）

## 一、实验课时

2 课时

## 二、实验目的与要求

1. 掌握图片局部的常用调整方法。
2. 掌握不规则选区的创建方法。
3. 掌握为图片四周进行羽化填充的方法。

## 三、相关内容

1. 各种"变换"的操作方法。
2. 使用"套索工具""魔棒工具""色彩范围"创建不规则选区。
3. 椭圆选区的建立、羽化、填充，仿制图章工具的使用。
4. 证件照片的制作。

## 四、操作指导

对素材图片，参照第 3 章相关内容熟悉以下操作：

### 1. 仿制图章的使用

此例涉及仿制图章（主直径、硬度）的使用等相关操作（见图 6-10）。

图 6-10

### 2. 修改背景

此例涉及提取背景色、使用多边形套索创建任意选区、删除选区内容、矩形选区、缩放等相关操作（见图 6-11）。

### 3. 规则选区的增加、减少与交叉练习

有时为了制作一个图形，会通过规则选区（椭圆、矩形等）的增加、减少及交叉功能达到目的，下面专门对其操作加以说明。

（1）选区的增加：拖动出一个选区后，单击选项栏上的"添加到选区"按钮，再拖动出一

个选区，如图 6-12（a）所示。松开鼠标后新的选区如图 6-12（b）所示。

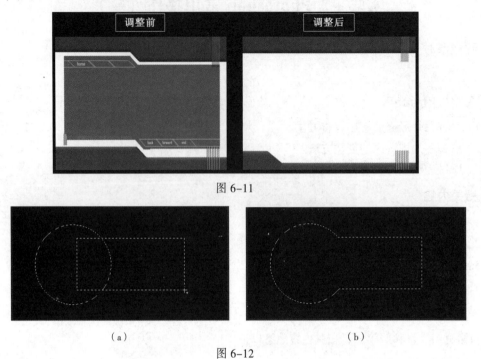

图 6-11

图 6-12

（2）选区的减少：在原选区的基础上，单击选项栏上的"从选区减去"按钮，再拖动出一个选区，如图 6-13（a）所示。松开鼠标后新的选区如图 6-13（b）所示。

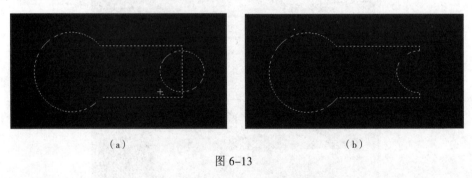

（a）                （b）

图 6-13

（3）选区的交叉：在原选区的基础上，单击选项栏上的"与选区交叉"按钮，再拖动出一个选区，如图 6-14（a）所示。松开鼠标后新的选区如图 6-14（b）所示。

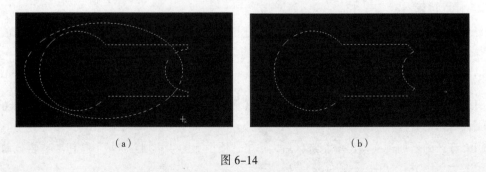

（a）                （b）

图 6-14

三个操作的快捷键分别是【Shift+选择】、【Alt+选择】、【Shift+Alt+选择】。

通过规则选区的组合，建立这种选区进行渐变填充后可以达到立体效果。方法：选择"渐变工具█"，再单击"点可编辑渐变"右方的下拉列表按钮，从中选择一种渐变样式（此例选"铜色"），如图 6-15 所示。按住【Shift】键，从选区的上方向下拖动，如图 6-16（a）所示。填充效果如图 6-16（b）所示。

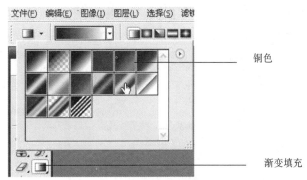

图 6-15

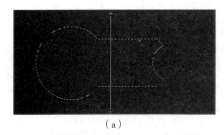
（a）

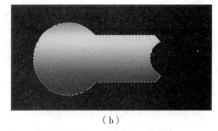
（b）

图 6-16

按住【Shift】键的目的是为了能够使填充方向垂直。如果想水平填充也应按住该辅助键后拖动。

### 4．制作 1 寸证件照

该例涉及新建画布（大小、分辨率）、约束剪裁（长、宽、分辨率）、复制图层、图层对齐等相关操作（见图 6-17）。

图 6-17

证件照的拍摄有一定的要求，如正面、免冠、比例、大小等。自己在拍照时，对于比例、大小一般不一定能掌握合适，但只要是正面照就可以通过这种方法得到一张比较合适的证件照。该例第3章未涉及，故对其制作流程做较为详细的讲解。

（1）新建画布

按图6-18所示创建用以容纳证件照片的"画布"，这个画布的大小也是5寸照片的大小，要在这张5寸大小的面积上制作9张1寸照片。其实对于证件照，由于画幅很小，所以分辨率用不着太高，有平时常用的72dpi已经够了。

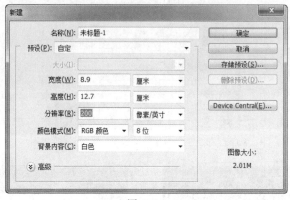

图 6-18

（2）剪裁素材

① 按1寸证件照的大小及比例剪裁素材（以1寸证件照 2.5cm×3.5cm 为例制作）。选择"剪裁工具"，然后按图6-19所示设置选项栏中的剪裁尺寸和分辨率。

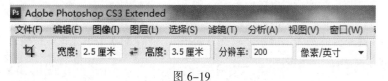

图 6-19

② 如果此时单位不是"厘米"，可通过选择"编辑"→"首选项"→"单位与标尺"命令，在弹出的对话框中按图6-20所示将标尺的单位设为"厘米"。

图 6-20

③ 打开素材图片［见图6-21（a）］，对图片进行剪裁，双击保留区域应用剪裁后的效果［见图6-21（b）］。

（3）排列照片

① 选择"移动工具"，将剪裁好的图片拖动到空白画布上，此时在图层调板中的"背景"图层上方即可多出一个普通图层——图层1。

（ a ）　　　　　　　　　　　　　　（ b ）

图 6-21

　　② 可通过将图层 1 拖到图层调板下端的"创建新图层"按钮上放开的办法复制两个新图层（也可右击图层 1，在快捷菜单中选择"复制图层"命令）。复制图层的一种更为简便的方法是按住【Alt】键，拖动画布上的照片生成，完成后如图 6-22（a）所示。

　　③ 选择"移动工具"，先大体摆放一下位置（尤其是画布边缘上的两个图层）。

　　④ 将三个图层选中［见图 6-22（b）］，再单击选项栏中的相关按钮，如图 6-23 所示。对此例应单击"顶对齐"（或"垂直中齐"、"底对齐"）和"水平居中分布"按钮。

（ a ）　　　　　　　　　　　　（ b ）

图 6-22

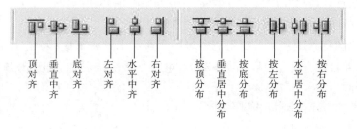

图 6-23

⑤ 调整后合并这三个图层（快捷键为【Ctrl+E】），使这三个图层合并成一个图层，对于白色背景的证件照，为了便于使用，可以通过"图层"→"图层样式"加 1～2 像素的灰色描边，完成后如图 6-24（a）所示。

⑥ 使用与上面相同的方法，再将这个合并后的图层复制两份（快捷键操作【Alt】+拖放这个合并后的图层）。

⑦ 确认"移动工具"被选择，先大体摆放一下位置，再选中三个图层，单击选项栏中的相关按钮（见图 6-23）。对此例应单击"左对齐"（或"水平中齐"、"右对齐"）和"垂直居中分布"按钮，进一步调整上下位置后如图 6-24（b）所示。

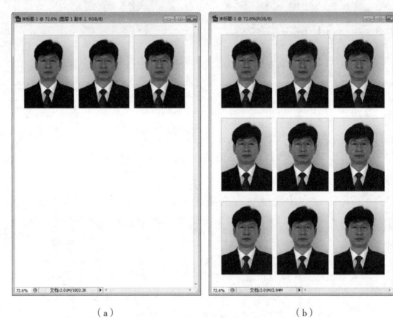

（a） （b）

图 6-24

（4）保存文件

为了便于修改，先保存一个.psd 格式的文件，再另存一个.jpg 格式的文件。

（5）几点说明

① 对于分辨率彩扩部常习惯设置成 300dpi，是出于对大画幅照片的考虑，不管是使用 200dpi 还是 72dpi，必须使画布的分辨率与自定义剪裁的分辨率相同，否则，剪裁后拖入画布照片的大小不合适，不具备 9 张 1 寸占满 1 张 5 寸画布的前提。

② 如果剪裁宽、高尺寸以英寸为单位，则应将图 6-18 所示的"标尺"设为"英寸"，而且剪裁宽度、高度尺寸分别设为 1 英寸和 1.38 英寸。

③ 如果想更改背景颜色，可使用"多边形套索"工具将头像部分抠取，为了使填充的背景颜色在边缘处自然一些，可以加 1～2 个羽化值，再按快捷键【Ctrl+Shift+I】使选区反选后填充所需要的颜色。

④ 在一个 5 寸大小的画布上制作四个 2 寸证件照〔见图 6-25（b）〕的方法相同，只是需将剪裁宽度、高度按 2 寸照片尺寸设置即可，比如小 2 寸应分别设为 3.3cm 和 4.8cm。

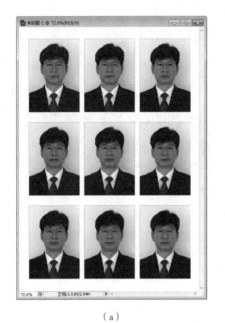

（a）　　　　　　　　　　　　　　　　　（b）

图 6-25

# 实验 7　Photoshop 常用操作（四）

## 一、实验课时

2 课时

## 二、实验目的与要求

1. 背景图的拼接。
2. 掌握替换图片局部（天空）的方法。
3. 掌握使用"矢量蒙版"合成背景图像的方法。
4. 掌握背景图形的修改方法。

## 三、相关内容

1. 不规则选区的建立、羽化、图层复制、局部删除、添加文字。
2. 图层大小的调整，"画笔""矢量蒙版"的使用。
3. 图片局部的形变、位置的调整方法。

## 四、操作指导

对素材图片，参照第 3 章相关内容熟悉以下操作：

### 1. 背景图的拼接

本例以将两幅未能拍全的泸沽湖照片合成为一幅为例复习巩固使用蒙版合成图像的技术（见图 6-26），作者拍摄时便有将其合成为一个长幅的打算。制作步骤如下：

图 6-26

（1）如果打算用在 PPT 中做背景，则按幻灯片大小新建画布（见图 6-27）。

图 6-27

（2）将两张照片拖入画布中，使用"自由变换"（快捷键为【Ctrl+T】）调整其大小，调整位置时可以先将其中一幅照片的"不透明度"或是"填充"降低（见图 6-28），对好位置后再调回到 100%；如果两幅照片的彩色、明暗不一致还应做相应调整使其一致。

图 6-28

（3）使用前面学习过的蒙版合成图像的办法将图像处理成图 6-29 所示的样子，并使背景图层不可见。

图 6-29

（4）使用剪裁工具去掉上方空白后，保存文件，存一个 PSD 格式以备修改，再存一个用在 PPT 中的 PNG 格式（注意，存 PNG 时一定要删除或确认背景图层是不可见的）。

**2. 标题文字制作**

根据幻灯片大小制作一个带有外发光效果的 PNG 格式的标题图片（见图 6-30）。

图 6-30

制作步骤如下：

（1）启动 Photoshop 软件，使背景颜色为较深的颜色（如黑色，便于观察运用"图层样式"后的效果）。

（2）参照幻灯片大小新建一个黑色背景的画布，应注意"色彩模式"为"RGB 颜色"，"宽度""高度"值参照幻灯片大小，黑色背景图层也可以后续填充得到。

（3）使用文字工具，输入"云南印象"，设置文字字体为自行添加的字体（本例为"叶根友刀锋黑草"）；根据窗口大小设置其大小及字符间距；根据采用的背景图片色调设置文字颜色（为了协调，通常采用相近的色调）。

（4）参照图 6-31 所示对文字图层运用"图层样式"添加"斜面和浮雕""外发光"效果。"斜面和浮雕"可采用默认设置，设置"外发光"时应增大其"大小"值，具体数值可根据实际观察效果确定。此例，"描边"和"外发光"的颜色均为白色。

（5）使用"剪裁工具"对图片进行适当剪裁，保留部分不宜过多，以不影响发光效果为准。删除或隐藏背景图层（见图 6-32），将文件保存为一个 PSD 格式和一个 PNG 格式，分别保存在各自的文件夹中。

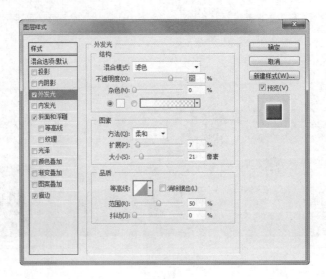

图 6-31

图 6-32

若将背景合成图片（见图 6-29）和标题文字图片（见图 6-32）放到一起，效果如图 6-33 所示，上方填充了相近的蓝色，右下角的人像是通过抠像技术得到的一张 PNG 格式的图像，除抠像外，其余技术与文字标题相同。

图 6-33

### 3．替换平淡的天空

此例涉及自由变换、图层转换（背景/普通）、图层位置、自由变换、魔棒、删除选区内容、图章、色阶、文字、图层样式等相关操作（见图 6-34）。

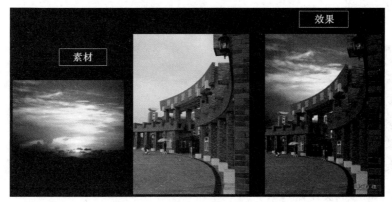

图 6-34

简要提示：

（1）打开"校门"图片→"满画布显示"→选择"缩放工具"→按住【Alt】键单击图片留出调整余地→【Ctrl+A】（全选）→【Ctrl+T】（自由变换）→右击→"扭曲"→分别拖动左右上角的两个控制点调整图片的形变。

（2）将"天空"图片拖到"校门"图片中→【Ctrl+T】（自由变换）→拖动控制点使其大小、位置合适（能遮住校门天空）→应用变换。

（3）将背景图层转换为普通图层，移动到"天空"图片的图层上方→使用"魔棒工具"选择天空部分→【Ctrl+Alt+D】（设置羽化半径为 1～2 像素）→按【Delete】键删除选中的天空部分→【Ctrl+D】（取消选择）。

（4）调整"校门"的明暗、色彩等，使其与"天空"和谐。

（5）添加文字，设置字体、字号、颜色、图层样式（描边、斜面与浮雕等）。

### 4．修改背景图形

此例涉及提取背景色、使用多边形套索创建任意选区、删除选区内容、矩形选区、缩放等相关操作（见图 6-35）

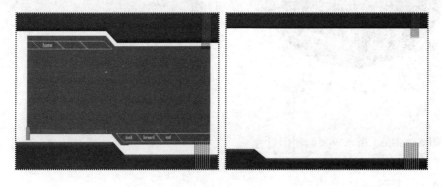

图 6-35

# 实验 8　Photoshop 常用操作（五）

## 一、实验课时

2 课时

## 二、实验目的与要求

1. 掌握一种光盘封面的制作方法。
2. 进一步熟悉图片处理的常用方法。
3. 进一步掌握图像合成的方法。
4. 掌握喷绘广告图的制作流程。

## 三、相关内容

1. 文字的添加及相关设置。
2. 正圆选区的创建、反选与填充。
3. 画布大小的确定与版面布局。
4. 制作流程及作品完善。

## 四、操作指导

### 1. 制作光盘封面

本例以光盘封面制作为例简要介绍其制作过程，以进一步巩固图像合成技术。其中图 6-36（a）所示为印刷在光盘上（批量出品）或打印在不干胶上贴在光盘上的（少量使用），图 6-36（b）所示为光盘盒上的印刷或打印彩页。

（a）

（b）

图 6-36

（1）图 6-36（a）所示效果的制作过程

① 打开一幅背景图片→按光盘大小，使用剪裁工具使其宽度、高度均为 12 厘米，分辨率为 200 像素/英寸［见图 6-37（a）］。

② 新建一个图层→建立直径等于画布宽高的正圆选区→【Ctrl+Shift+I】（反选）→设置前景色为白色→【Alt+Delete】（填充白色）后的效果如图 6-37（b）所示。

（a）　　　　　　　　　　　　　　（b）

图 6-37

③ 新建一个图层→借助"参考线"建立直径等于光盘中央透明区域大小的正圆选区→设置前景色为白色→【Alt+Delete】（填充白色）→使用文字工具添加光盘名称→调整位置及大小→设置外发光效果后的效果如图 6-38（a）所示。

④ 使用类似方法添加相应文字使其成为图 6-38（b）所示的样式。

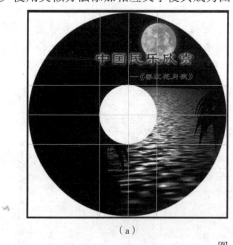

（a）　　　　　　　　　　　　　　（b）

图 6-38

（2）图 6-36（b）所示效果的制作过程

图 6-36（b）所示为在光盘外盒上用的，可以通过对图 6-36（a）修改得到。方法是，首先隐藏两个白色填充图层，再调整文字的位置及大小，使其成为图 6-36（b）样式即可。

**2．小型喷绘广告图的制作**

以制作一幅结婚庆典上用的喷绘图［见图 6-39（a）］为例，说明实际制作流程及具体制作方法。

（1）新建"画布"

根据摆放场地（如宽度为 60 cm、高度为 160 cm，）新建一个画布（选择"文件"→"新建"命令，快捷键为【Ctrl+N】），在弹出的"新建"对话框中，输入相应数据，如图 6-39（b）所示。

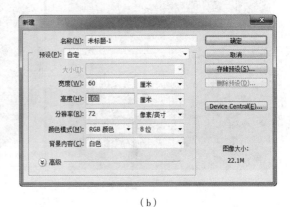

（a）　　　　　　　　　　　　　　（b）

图 6-39

需要注意的是，宽度、高度的单位为厘米，模式为 RGB 颜色，内容为白色，制作喷绘图因喷绘机的分辨率较低，分辨率没有必要太大，选 72 像素/英寸就足够了。

（2）显示标尺

为了便于感受画面中各元素的实际大小和位置，应将"标尺"显示出来。方法是，选择"视图"→"标尺"命令（快捷键为【Ctrl+R】），标尺的单位可在"首选项"中的"单位与标尺"中设置为厘米，空白画布如图 6-40 所示。

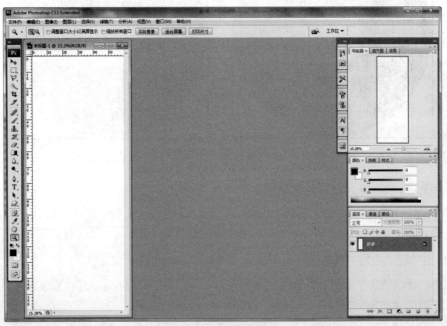

图 6-40

（3）添加素材

从结婚照中筛选一些照片（一般可以是单人照各一张，合影照一张），如图 6-41 所示。打开这些照片并将其拖动到新建的画布上（见图 6-42）。

图 6-41

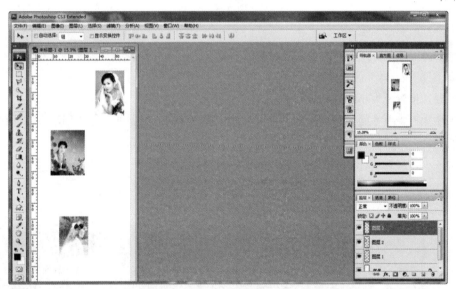

图 6-42

（4）调整图层位置和照片大小

分别选择三个照片图层，用"自由变换"（快捷键为【Ctrl+T】）调整其大小。为方便调整，可拖动画布窗口和边缘，使其增大。

注意，由于是人像照片，在调整大小时应保证比例不变。在拖动控制点时，按住【Shift】键不放。

（5）添加其他素材图片

导入一张修饰用的图片［见图 6-43（a）］，为了操作方便，可将其置于图层顺序的最上层。用"自由变换"调整其大小及位置，将空白部分遮盖，如果感到图片中的"玫瑰花"放在左端会更好些，可以在"自由变换"状态下，右击图片，在弹出的快捷菜单中选择"水平翻转"命令，效果如图 6–43（b）所示。

（a）                          （b）

图 6–43

（6）借助图层蒙版去除照片边缘

分别选择三个照片图层，在各图层的蒙版上使用"主直径"合适、"硬度"为 0 的画笔涂抹各图层边缘［见图 6–44（a）］。

（7）图片位置及大小的进一步调整

如果感觉三幅照片的大小不合适，可以通过"自由变换"在保证人像比例不变的前提下改变其大小及位置，方法同前。

改变大小及位置后，如果感到边缘部分过大，可以在图层蒙板上再次涂抹。为了营造一种"朦胧"效果，可将两个单人照片的"不透明度"或"填充"值降低。

进一步处理后的效果，如图 6–44（b）所示。

（a）                          （b）

图 6–44

（8）添加文字

选择上方图层（避免遮盖文字），用"横排文字工具"添加文字。为了便于进行文字的调整，建议分别添加"婚""典""张成义先生""孙雅馨小姐""百年好合"五个文字图层。

（9）修饰文字

单击"工具选项栏"中的"切换文字和段落调板"按钮，在弹出的图 6-45（a）所示的对话框中，分别对文字进行"字体""大小""颜色"等方面的设置，如果感觉文字间距过于松散，可以调整其"设置所选字符的字距调整"值。其位置可以在选择"移动工具"后拖动调整。

"百年好合"四个字的弯曲效果是通过单击"工具选项栏"中的"创建变形文本"按钮，在弹出的图 6-45（b）所示的对话框中，用"扇形"样式设置。

为了使文字醒目，通常要对文字图层通过"图层样式"对话框设置"描边""外发光""斜面与浮雕"等。

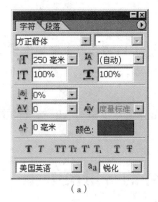
（a）
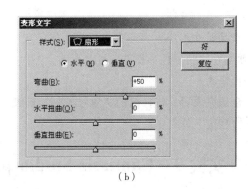
（b）

图 6-45

为了使文字显得活泼一些，可以选中文字图层后使用"自由变换"中的"旋转"选项拖动角控制点使文字旋转一个角度，编者对本例中的"婚""典"二字做了"旋转"处理，最终的效果如上图 6-39（a）所示。

（10）成品的保存

由于喷绘图所形成的文件很大，上百兆是常有的事。为了避免操作过程中因为死机而前功尽弃，应当养成每做几步操作就保存一次的习惯。为了便于进一步修改完善，应将其保存为Photoshop 专用文件格式，即 PSD 格式。如果想做出几个样式，供相关人员定稿，则应当以不同的文件名另存。

由于 PSD 格式的文件太大，不便于网上传输及用 U 盘携带。在定稿后，应当将其保存为 JPEG格式交给喷绘部出图。

在这个实验的讲解过程中，我们采用的是实际大小，如果只是学习其操作方法，建议将画布按比例缩小，以免造成处理速度过慢、死机的现象。

该实验所需图片均可根据自己的作品构思从互联网上自行下载，将处理后的图片（PSD 格式、JPG 格式）连同原素材图片一并保存到以自己的"学号-姓名-班级"命名的文件夹中压缩后上交。

### 3．作为图像大作业的要求（仅供参考）

（1）以自己的"学号–姓名–班级"为名创建的文件夹。

（2）文件夹中的文件只存放 PSD 源文件和 JPG 压缩文件，而且这两个文件也必须以自己的"学号–姓名–班级"为名命名（见图 6–46）。

图 6–46

（3）作品尺寸不应太大或太小（横幅作品宽度不超过 1200 像素、竖幅作品高度不超过 800 像素），须主题鲜明、色彩和谐、过渡自然，PSD 文件不要合并图层、衔接处应使用"图层蒙板"以备进一步修改。

（4）全部完成后，将自己的"学号–姓名–班级"文件名压缩成 RAR 格式的文件后，上传到专用服务器相应文件夹中。

# 实验 9　Camtasia Studio 软件的常用操作（一）

## 一、实验课时

2 课时

## 二、实验目的与要求

通过制作以 10 张图片组成的视频文件掌握"Camtasia Studio"软件的相关使用方法。

## 三、相关内容

1. 项目的相关操作。
2. 图片素材的导入。
3. 转场特效的运用。
4. 添加字幕（片头、片尾、画面说明）。
5. 添加音效（背景音乐）。
6. 输出影片（视频文件的保存）。

## 四、操作指导

参考教材第 4 章相关内容完成以下操作：

### 1．保存项目文件

（1）新建项目：在 File 菜单栏中选择"New project"命令（快捷键为【Ctrl+N】）。

（2）保存项目：在 File 菜单栏中选择"Save project"命令（快捷键为【Ctrl+S】）或"Save project as…"命令，打开"另存为"对话框进行保存。

### 2．导入图片素材

（1）事先用 Photoshop 软件处理好 10 幅图片（大小相当、题材自定）。将其保存在自己的"学号–姓名–班级"文件夹中相应的子文件夹下。

（2）在 Camtasia 应用程序窗口中单击"编辑"窗格中的"Import media"按钮，或者在空白处右击，在弹出的快捷菜单中选择"Import media"命令。接着选择所要导入的素材文件（可以一次导入多个），单击"打开"按钮。

### 3．添加图片切换之间的转场效果

（1）将图片按预想的播放顺序拖入到"时间轴轨道"中，此时会弹出视频尺寸设置对话框，按需要设置对应的宽度和高度即可。

（2）通过拖动图片边缘调整每一张图片的播放时间。

（3）移动图片位置使其首尾相接。

（4）在"编辑区"单击"Transitions"选项卡显示所有的转场效果，根据个人喜好将转场效果拖到时间轴轨道图片之间。

（5）通过拖动转场效果的边缘调整转场长度。

### 4．添加字幕

方法一：

（1）将时间轴上的时间滑块定位到要加字幕的时间点。

（2）切换到编辑区中的"Captions"选项卡后可以在"Global settings"中设置字体格式，包括字体、字号、字颜色及底纹颜色和对齐方式等。

（3）单击"Add caption media"按钮添加字幕，并将字幕内容输入。

（4）在时间轴轨道上调整字幕对应滑块的长度以适应视频需求。

（5）重复以上步骤添加下一条字幕。

注：这种方法添加的字幕只能出现在屏幕的下方。

方法二：

（1）将时间轴上的时间滑块定位到要加字幕的时间点。

（2）切换到编辑区中的"Callouts"选项卡后单击"Add callout"按钮，在"Shape"中选择"Special"组中的"Text"；

（3）可以在下面的设置项中设置相应的字体格式，以及淡入淡出的时间长度。

（4）可以在"监视区"调整字幕所在的位置。

（5）可以在时间轴轨道中调整字幕的时间长度。

注：这种方法添加的字幕非常灵活，非常适合做片头片尾的字幕。Callouts 中的功能很多，读者可以自行尝试应用于自己的视频中。

### 5．添加背景音乐

（1）事先用 Adobe Audition 根据片头、10 幅图片、片尾的播放长度剪辑处理好三个音频片段作为背景音乐（应有淡入淡出效果）。将其保存在自己的"学号–姓名–班级"文件夹中。

也可导入到"Camtasia"中，拖到"时间轴轨道"后进行剪辑，并在编辑区的"Audio"选项卡中做相应的操作。

（2）根据画面内容调节背景音乐的音量，也可在"Audio"选项卡中完成。

**6. 输出影片**（保存视频文件）

选择一种视频文件格式生成视频文件，将其保存在自己的"学号–姓名–班级"文件夹中，文件名为"视频欣赏"。

完成该实验后，"学号–姓名–班级"文件夹下应有用到的图片文件、音乐文件、视频文件、和一个项目文件，将该文件夹压缩后提交。

# 实验 10　Camtasia Studio 软件的常用操作（二）

## 一、实验课时

2 课时

## 二、实验目的与要求

通过对若干视频素材的剪辑组接后，制作一份有意义的视频作品，如"我的大学生活"，进一步掌握"Camtasia Studio"软件的相关使用方法。

## 三、相关内容

1. 项目的相关操作。
2. 视频素材的导入。
3. 视频素材去原音并做相应剪辑。
4. 转场特效的运用。
5. 添加字幕（片头、片尾、画面说明）。
6. 添加音效（解说配音和背景音乐）。
7. 输出影片（视频文件的保存）。

## 四、操作指导

参考教材第 4 章相关内容完成以下操作：

### 1. 新建保存项目文件

（1）新建项目：在 File 菜单栏中选择"New project"命令（快捷键为【Ctrl+N】）。

（2）保存项目：在 File 菜单栏中选择"Save project"命令（快捷键为【Ctrl+S】）或"Save project as…"命令，打开"另存为"对话框进行保存。

### 2. 制作片头

（1）切换到编辑区中的"Callouts"选项卡后选择"Shape"中的"Special"组中的"T"，此时会弹出视频尺寸设置对话框，按需要设置对应的宽度和高度即可。

然后设置好相应的字体、字号和字的颜色后输入想要显示的文字，如"我的大学生活"，并在监视窗口调整文字的位置，如图 6-47 所示。

图 6-47

（2）设置片头文字的转场效果，即在"Transitions"选项卡中选择合适的效果拖到轨道滑块的相应位置，可以拖动改变转场时间的长短，进入和退出的效果都可以根据需要分别设置（默认的退出是渐隐）。

**3．导入视频素材**

（1）事先用 Camtasia 剪辑好需要用到的视频素材，并保存成合适的视频格式，建议存成 mp4格式，将其保存在自己的"学号–姓名–班级"文件夹中相应的子文件夹下。

（2）在"我的大学生活.camjproj"中单击"编辑"窗格中的"Import media"按钮，或者在"Clip Bin"选项卡中的空白处右击，在弹出的快捷菜单中选择"Import media"命令。接着选择所要导入的素材文件（可以一次导入多个），单击"打开"按钮。

**4．添加素材之间的转场效果**

（1）将视频素材按预想的播放顺序拖入到"时间轴轨道"中。

（2）移动视频素材位置使其首尾相接。

（3）在"编辑区"单击"Transitions"选项卡显示所有的转场效果，根据个人喜好将转场效果拖到时间轴轨道视频素材之间。

（4）通过拖动转场效果的边缘调整转场长度。

**5．去素材的原音**

选中时间轴轨道中需要去原音的所有视频素材滑块（按住【Shift】键可以多选），然后切换到"Audio"选项卡，在"Editing tools"组中，单击"Silence"按钮即可去除选中视频的原音，如图 6-48 所示。

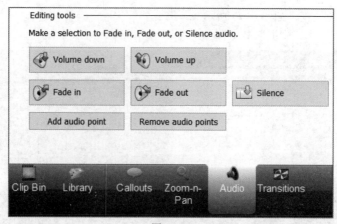

图 6-48

**6．添加背景音乐和解说配音**

（1）事先用 Adobe Audition 根据片头、视频素材、片尾的播放长度剪辑处理好三个音频片段作为背景音乐（应有淡入淡出效果）。将其保存在自己的"学号–姓名–班级"文件夹中。

也可导入到"Camtasia"中，拖到"时间轴轨道"后进行剪辑，并在编辑区的"Audio"选项卡中做相应的操作。

（2）根据画面内容调节背景音乐的音量，也可在"Audio"选项卡中完成。

（3）根据视频画面的需要，事先在 Adobe Audition 中录制适当的配音，并做好降噪以及相关效果的设置，按序命名后保存在相应的文件夹中。

（4）将配音文件（可以多个）插入到时间轴轨道，拖放到合适的位置后，在"Audio"选项卡中做音量的调整，使整个效果和谐。

**7．添加字幕**（方法同上一实验）

方法一：

（1）将时间轴上的时间滑块定位到要加字幕的时间点。

（2）切换到编辑区中的"Captions"选项卡后可以在"Global settings"中设置字体格式，包括字体、字号、字颜色及底纹颜色和对齐方式等。

（3）单击"Add caption media"按钮添加字幕，并将字幕内容输入。

（4）在时间轴轨道上调整字幕对应滑块的长度以适应视频需求。

（5）重复以上步骤添加下一条字幕。

注：这种方法添加的字幕只能出现在屏幕的下方。

方法二：

（1）将时间轴上的时间滑块定位到要加字幕的时间点。

（2）切换到编辑区中的"Callouts"选项卡后单击"Add callout"按钮，在"Shape"中选择"Special"组中的"Text"；

（3）可以在下面的设置项中设置相应的字体格式，以及淡入淡出的时间长度。

（4）可以在"监视区"调整字幕所在的位置。

（5）可以在时间轴轨道中调整字幕的时间长度。

**8．制作片尾**

方法同片头的制作。

**9．输出影片**（保存视频文件）

选择一种视频文件格式生成视频文件，将其保存在自己的"学号–姓名–班级"文件夹中，文件名为"我的大学生活"。

完成该实验后，"学号–姓名–班级"文件夹下应有用到的图片文件、音乐文件、视频文件、和一个项目文件，将该文件夹压缩后提交。

**10．作为视频大作业的要求**（仅供参考）

（1）以自己的"学号–姓名–班级"为名创建文件夹中的内容，如图 6-49 所示。"图片素材"文件夹中只存放制作短片用到的图片，除"图片素材"文件夹外，只保存渲染后、以作品主题命名的视频文件（如"宣传短片.mp4"）。

图 6-49

（2）视频制作软件不限，长度需控制在 1 ~ 1.5 min 之间。

（3）作品应有鲜明的主题。

（4）作品中需有片头、图片、视频、字幕、解说配音、背景音乐和片尾等元素。

（5）素材间要有恰当的转接。

（6）完成后，将自己的"学号–姓名–班级"文件名压缩成 RAR 格式的文件后，上传到专用服务器相应文件夹中。

# 实验 11　计算机实用技术结业设计

## 一、实验课时

6 课时

## 二、实验目的与要求

通过一个多媒体作品的完整制作过程，学生对本教材涉及的各种技能获得全面、综合的灵活运用能力。

## 三、相关内容

第 1~5 章的知识与技能。

## 四、操作指导

参考教材第 6 章相关内容完成以下操作：

### 1. 预备工作

（1）构思一个集文字、图片、图形、音频、视频为一体的作品内容（如教学课件、个人简历、公司产品推广等）。

（2）画出该多媒体作品的结构示意草图。

（3）搜集制作相关素材（也可采用边制作、边搜集、边处理的方法进行）。

### 2. 着手制作

（1）制作作品首页。

作品首页是相当于电影的片头，是整个作品的门面，所用到的各类素材都应事先使用相关软件处理好，使之有和谐的背景图片、醒目的标题文字、新颖的过渡特效。

（2）制作各类别内容幻灯片。

为了美观大气，相同类别的幻灯片应采用一致的背景、布局、文字样式，建议制作好某类的第 1 张幻灯片后，该类的其他幻灯片由它复制后改动。

（3）制作最后一张"结束"幻灯片。

（4）整体运行调试。

实现"作品首页"与各功能模块的相互跳转，检查各张幻灯片上的超链接是否正确。

### 3. 作品的打包

为使插入的音频、视频文件能够正常播放，需将制作的演示文稿"打包成 CD"保存到以自己的"学号-姓名-班级"文件夹中，压缩后上交。

### 4. 作为结业设计的要求（仅供参考）

本学期通过"计算机实用技术"课程大家学到了许多音频、图像、视频的采集与处理技术及与之相关的一些软件的使用方法。为巩固所学内容并提高相关素材的集成能力，该课程设计中规划了"结业设计"这一教学环节，其制作水准作为期末测验成绩。具体细节归纳如下：

（1）巩固与制作 PPT 相关的音频采集、剪辑与处理技术。

① 片头、片尾音乐制作，使用自定义动画出现片头片尾音乐的方法。

② 在幻灯片中插入音频文件（涉及格式转换、播放控制等）。

（2）巩固与制作 PPT 相关的图像采集、处理与合成技术。

① PNG 格式标题文字、边缘羽化图片的制作与使用。

② 个性幻灯片背景图片的制作。

（3）巩固与制作 PPT 相关的视频采集、剪辑技术。

① 视频短片制作。

② 在幻灯片中插入视频文件（涉及格式转换、播放控制等）。

（4）完成一个集多媒体元素为一体的演示文稿（PPT）。

① 作品应能体现本学期所学技能（技术性）。

② 相关素材最好应有相关性，有相对鲜明的主题（实用性）。

③ 结业设计作品还应具有一定的观赏性（艺术性）。

（5）格式要求。

① 所用音频文件最多三段，且每段不得超过 30 s。

② 所用视频最多两段，且每段亦不得超过 30 s。

③ 所用图片应事先处理后（统一比例、大小等）再插入到幻灯片中。

④ 以"打包成 CD"方式打包到以自己的"学号–姓名–班级"为名创建文件夹内。

⑤ 完成后将文件夹压缩，并上交到专用服务器的文件夹中。

# 附录 A

## Format Factory 常用操作

如果你所用的视频剪辑软件不支持某个视频格式、如果想从视频中提取伴音、如果想将视频画幅变小或精度降低，如果你所用的播放软件不能正常播放音频或视频，如果……掌握一两款格式转换软件的使用是非常必要的。这里以当下流行的、简单易用的 Format Factory（格式工厂）软件为例，对涉及视频及音频转换的常用操作做概要介绍，其他功能通过自行摸索更易掌握。

### 一、视频转换各项功能简介

启动后的软件界面如图 A-1 所示，首次使用默认在视频之间的转换。

图 A-1

### 1．"移动设备"

为智能手机而提供的功能，可以根据视频长短、手机屏幕大小转换成合适于手机播放的 MP4 视频格式（见图 A-2）。

图 A-2

**2. "混流"**

可以将一段以上的视频，与一段以上的音频混合在一起，相当于给视频加伴音（见图 A-3），目前有 MP4 和 MKV 两种输出格式。

图 A-3

**3. "视频合并"**

可以将两段以上的视频合并成一段视频（见图 A-4），目前有 MP4、MKV、TS、MTS、M2TS 五种输出格式。

图 A-4

**4. 其他**

可供选择的其他输出格式，几乎囊括了当下的所有视频格式。

## 二、音频转换各项功能简介

单击可供选择的视频格式下方的"音频"选项栏，界面如图 A-5 所示。

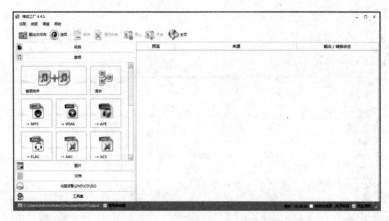

图 A-5

### 1. 音频合并

可以将两段以上的音频连接成一段音频（见图 A-6），默认为 MP3 格式，有众多输出格式，可在下拉列表中选择。

图 A-6

### 2. 混合

可以将两段以上的音频叠加（混合）在一起（见图 A-7），听到的是几段音频同时发出的声音，左下方"持续时间"有 longest、shortest、first 三个选顶，决定输出音频时间的长短，分别为遵从最长那段、最短那段、第一段，有 MP3、WMA、WAV 三种格式可供选择。

图 A-7

### 3．其他

可供选择的其他输出格式，几乎囊括了当下的所有音频格式。

## 三、视频格式转换示例

以 Camtasia Studio 不支持的 VCD 视频光盘中的 DAT 格式为例，使用格式工厂将其转换成可以在 Camtasia Studio 里编辑的格式（如 MOV），在视频格式区域里单击 MOV 后如图 A-8 所示。

图 A-8

### 1．基本设置

（1）对左下方的"输出文件夹"，选择一个转换格式后文件的存放位置，编者习惯选择"输出至源文件目录"。

（2）上方中间的"输出设置"，为保证画质，编者习惯选择第一项，即"AVC 高质量和大小"，AVC 是高级视频编码的简称（Advanced Video Coding），这也是安装格式工厂后的默认设置。

### 2．导入文件

（1）单击图 A-8 所示的"添加文件"按钮，找到存放 DAT 格式视频的位置（见图 A-9）。

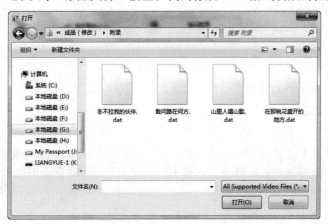

图 A-9

（2）选中后单击"打开"按钮导入（对单个文件也可以通过双击文件的方式导入），该例一并打开四个 DAT 视频文件（见图 A-10）。

图 A-10

（3）单击"确定"按钮后，软件界面如图 A-11 所示。

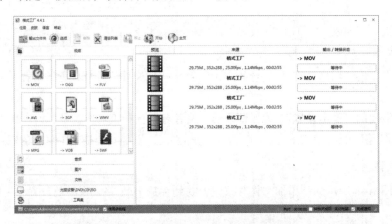

图 A-11

### 3．开始转换

单击图 A-11 所示界面上方的"开始"按钮，开始视频格式的逐一转换，转换的时间长短取决于画幅大小、画幅精度、视频时长。

图 A-9 中几个 DAT 格式的文件目前在编者的计算机上未被视频播放软件识别，所以呈白色状态，当设置好播放它的视频播放软件后，图标就会成为该软件的视频文件图标。设置方法是，右击，在快捷菜单中选择"打开"命令，在弹出的图 A-12 所示对话框中选中"从已安装程序列表中选择程序(S)"单选按钮，单击"确定"按钮，编者计算机上安装有"爱奇艺万能播放器"（见图 A-13），如果选择它并将"始终使用选择的程序打开这种文件(A)"左侧的复选按钮选中，则下次将自动使用该软件打开 DAT 格式的文件，文件被"爱奇艺万能播放器"识别（见图 A-14）。

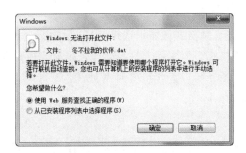

图 A-12

图 A-13

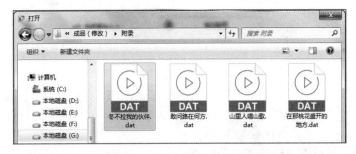

图 A-14

## 四、提取视频伴音

我们仍以 DAT 格式视频为素材说明，在音频格式区域里选择 MP3 后如图 A-15 所示。由于音频占用空间有限，为保证音质，应该在"输出配置"里将其设为"高质量"

图 A-15

后续操作与视频转换类同，不再赘述。

需要特别说明的是，如果在音频格式区域里选择 WMA 后执行上述转换 MP3 类似的后续操作，虽然得到的格式是 WMA 音频格式，但实际上是画面比较粗糙的视频（也就是说 WMA 也有视频属性），占用空间比 MP3 大多了，所以，若想得到 WMA 格式的音频，需要先将其转成其他音频格式（比如 MP3），再转成 WMA 格式。

## 五、剪辑与输出设置

如果只想要其中的某一段，不论是视频还是音频，操作方法是类似的，以 DAT 格式转 WMV 格式为例，单击"添加文件"按钮导入视频文件后，"输出配置"下方的"剪辑"按钮由未导入文件前灰显的不可用状态，变为实显的可用状态（见图 A–16）。

图 A–16

单击"剪辑"按钮，弹出图 A–17 所示对话框。找到起点后单击"开始时间"按钮确定剪辑的起始位置，再找到终点后单击"结束时间"按钮确定剪辑的终止位置，最终转换的视频片段时长为"结束时间"与"开始时间"之差。

选中"画面裁剪"，可根据需要调整红色线框大小，转换画面中的部分区域。

对于"输出设置"如果是想在微信里传输，则需要注意转换后的视频大小不能超过 20 MB，为达到这一要求，可以将画面设小，对于比较长的视频，则需要通过剪辑方法将其分成若干段，每一段大小不超过 20 MB，时间不超过 5 min。

图 A–17

## 六、其他相关常识

虽然格式工厂使用方便、格式多样，但论转换成画幅相同的 MP4 视频画质，不及 Camtasia Studio 好，而且差别比较明显。

由于视频格式转换实际上是将原有视频重新渲染成新视频格式的过程，将大段的或是多个的视频进行格式转换是一件很费时间的事。"格式工厂"提供了完成格式转换后自动关机功能，在进行这类转换时选择界面右下方"转换完成后：关闭电脑"利用空闲时间转换（见图 A-18）。

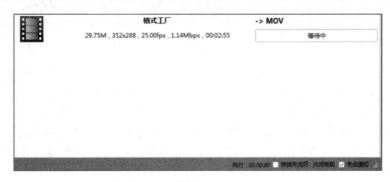

图 A-18

进行格式转换时应注意，如果下载的不是高清视频，转换时在"输出配置"中选择"高清大画幅"没什么实际意义。如果只是作为课上练习，出于机器配置较低的考虑，可以转换成小画幅视频，以减少制作过程中的等待时间。

# 附录 B

## MPEG Video Wizard 软件的使用

　　MPEG Video Wizard（电影魔方）是一款适合初学者快速理解、感受视频制作流程的数字视频编辑软件，它安装便利，占用资源小，对计算机配置要求很低，用它来做一般视频的剪辑非常方便，可以轻松完成素材剪切、影片编辑、特技处理、字幕创作、效果合成等工作，通过综合运用影像、声音、动画、图片、文字等素材资料，创作出各种不同用途的多媒体影片。本教材上一版"视频的采集与处理"一章中介绍的是这个软件，为了便于已经习惯使用该软件的学校使用，将其做适当调整放在附录中。

## 一、软件简介

### 1．主要特色

　　（1）精美界面、自由组合、直观操作、轻松上手。

　　（2）单帧编辑、精确定位、实时预览、双屏显示。

　　（3）逆向播放、多级变速、精彩特技、丰富转场。

　　（4）素材管理、图形绘制、字幕创作、效果合成。

　　（5）完美支持 MPEG-1 及 MPEG-2 的输出格式。

　　（6）输出时只对有添加效果的片断进行重新编码，而其他部分直接复制，因此速度快、质量好。

### 2．主要功能

　　（1）界面：自由组合的窗口模式；使用方便的项目及素材管理器；输入、输出双监视窗口；四个编辑轨道的时间轴。

　　（2）预览：时间码准确定位；双监视窗口可同时预览或操作；在滑块拖动中实时预览；多级变速播放和逆向播放。

　　（3）字幕：独立的字幕编辑器；快捷的字幕合成方式；丰富的图形绘制功能；16 种字幕动态效果。

　　（4）编辑：直观灵活的素材拖放操作；实用高效的编辑工具箱；支持音视频同步调整；精确到每帧的编辑精度。

　　（5）转场：多种精彩转场特效、轻松调整转场长度、任意设定转场参数、提供音频转场效果。

　　（6）输出：可输出 MPEG-1、MPEG-2、VCD、SVCD 等视频文件。

　　（7）支持的文件格式：

- 视频：.mpg、.mpeg、.dat、.vob、.avi、.rmvb、.mp4 等。
- 音频：.mp3、.AC3、.wav 等。
- 图像：.bmp、.jpg、.gif 等。

### 3．软件的安装与汉化

MPEG Video Wizard DVD 5.0 是一个具备多语言支持的视频编辑软件，其安装方法与一般软件相同，按提示单击即可。这里介绍一下安装后的一些必要设置（选择"简体中文"环境、输入序列号等）。

（1）首次运行：会弹出一个"限制版剩余时间"对话框 [ 见图 B-1（a）]，使用中文语言环境说明其含义 [ 见图 B-1（b）]。

（a）　　　　　　　　　　　　　　　（b）

图 B-1

在图 B-1（a）所示中单击"OK"按钮，启动后默认为英文界面（见图 B-2）。

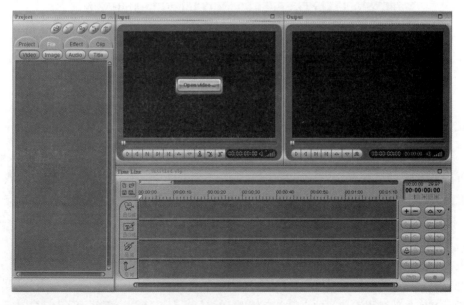

图 B-2

（2）将界面设置为简体中文：工具条中选择"Tools"→"Options..."命令（见图 B-3），弹出"Option"对话框（见图 B-4）。

图 B-3

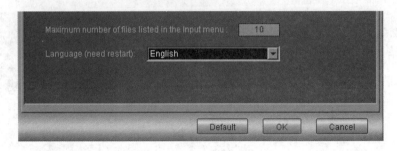

图 B-4

在下拉列表中选择"Chinese Simplified"（简体中文）选项后，单击"OK"按钮（见图 B-5），软件会自动重新启动并呈现简体中文界面。

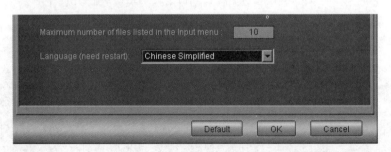

图 B-5

（3）注册软件：为了不受 30 天使用期限制，可以在图 B-1 中单击"立即购买"按钮，获得产品序列号后，再单击"输入序列号"按钮，将其粘贴到弹出的"注册软件"对话框中的文本框中（见图 B-6），单击"确定"按钮。

实际上，在从网上获得的该软件中一般包含了产品序列号，有的则是破解版无需序列号注册，这样一来，该软件其实也就是用于学习的一款免费软件了。

（4）软件升级：单击右上方工具条中帮助按钮下的"检查更新"按钮，可以对该软件进行免费升级（见图 B-7）。

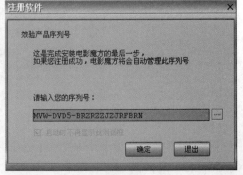

图 B-6

图 B-7

### 4．界面简介

"电影魔方"主界面的默认布局方式由"项目管理器""输入监视器""输出监视器""时间轴"四个编辑器组件（见图 B-8）和一个右上方单独显示的"工具条"组成。

其他形式的界面（默认、输入、输出、导出、最大化、最小化、DVD 编辑器、可变大小）可以单击工具条中的"窗口布局"按钮 ，在弹出的下拉菜单中选择。

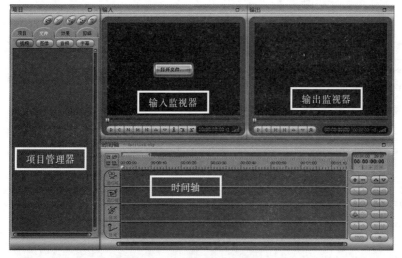

图 B-8

"工具条"的作用相当于 Windows 窗口中的"工具栏"。当单击"窗口布局"按钮 ，在下拉菜单中选择"解开窗口绑定"选项时，可以单独移动或关闭各个窗口，单击前四个按钮，也可以关闭其对应的窗口，图 B-9 所示给出的注释描述了其基本功能。

图 B-9

初次接触"电影魔方"遇到的主要问题是对其比较独特的界面操作不大习惯，而一旦习惯后，便会感觉用它制作视频是非常方便的。下面通过两个应用实例按照制作视频的一般流程讲解具体的操作方法。

### 二、实例制作1——改换视频伴音

该实例的目的是学习如何将已有的视频重新进行剪辑、配乐、配解说、添加片头、片尾等，使之成为符合自己需要的新的视频作品。外语学院学生常参与的"影视英语配音大赛"就是这类作品，制作流程及方法如下。

#### 1. 素材采集

（1）建立一个专用文件夹（如"视频配音"），其内包含"视频""配音""字幕"等下级文件夹，用以保存相关文件。制作作品，应养成一个不随便乱放素材、文件的好习惯，应当每制作一个作品（不管是音频作品、还是图像作品）都建立一个专用文件夹。

（2）根据需要下载相关视频、背景音乐，并保存在相应的文件夹中。

① 视频是该作品的基础，选择一个生动有趣、易于配音的视频很重要。

② 由于视频的伴音通常是将道白与背景声混合到一起的，我们无法只去除原道白而保留原背景声，所以只能选择一个与视频画面相匹配的新的背景声（如背景音乐）来替换原视频伴音，另外再添加配音。

#### 2. 素材处理

这里说的"素材处理"主要是把下载的视频使用格式工厂之类的转换软件转换为"电影魔方"能够导入的视频格式，如果视频可以导入到"电影魔方"可以省略这一步。

#### 3. 作品制作

作品制作涉及的相关操作有：视频导入、剪辑、静音、插入背景音乐、插入解说、项目文件保存、视频文件的渲染等。

（1）导入视频

确认选择的是"项目管理器"下的"文件"选项卡下的"视频"选项卡，空白处右击，在弹出的快捷菜单中选择"导入"命令［见图 B-10（a）］，在弹出的"打开"对话框中选择视频文件并打开，视频导入到"项目管理器"中呈现图 B-10（b）所示。

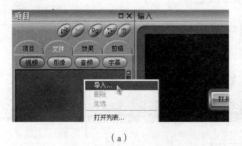（a）　　　　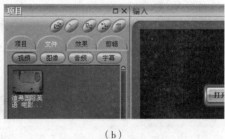（b）

图 B-10

可以将导入的视频拖动到"输入监视器"中浏览（软件不支持将视频拖入"输出监视器"），如果只是为了浏览视频，也可以单击"打开文件"按钮，找到视频文件后打开浏览，此时的"输入监视器"相当于一个视频播放器。

（2）将视频拖入"时间轴"

拖动图 B-10 中的视频到时间轴中的"视频轨道"中（见图 B-11），此时"输出监视器"会显示第一帧画面。

图 B-11

（3）保存项目文件

尽管如果能够一气呵成地完成作品制作，最后保存或不保存项目文件均可，但提倡一开始就保存项目文件，制作过程中也该经常保存，以防断电或死机造成前期工作的损失，一次做不完，下次再做是必须要保存项目文件的。保存方法是，在时间轴左上方单击"保存"按钮（快捷键为【Ctrl+S】）将项目以"英语配音大赛"为名保存在专用文件夹"视频配音"中。完成保存后，时间轴的标题栏显示保存路径（见图 B-12）。

图 B-12

如果想改变已有项目文件的保存路径及文件名，可单击"另存为"按钮 （快捷键为【Ctrl+Shift+S】）。

（4）视频素材的初步剪裁（又称"粗剪"）

"粗剪"是指从大段的视频中大体剪裁出所需要的部分，可以在"输入监视器"中剪裁完成"粗剪"，其操作步骤是：

① 拖动一个素材到"输入监视器"（见图 B-13）。

图 B-13

② 找到剪裁起点，单击"区域起点(I)"按钮 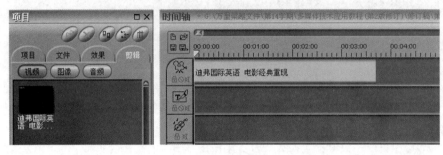 剪掉该点左端视频，再找到剪裁终点，单击"区域终点(O)"按钮 剪掉该点右端视频。

从左至右用于播放的按钮分别为：正放、倒放、正常速度播放、向后逐帧播放、向前逐帧播放。一般定位起点与终点的方法是，首先拖动按钮上方的滑块 找到大体位置，再使用"正放"或"倒放"或"正常速度"进一步定位，最后使用"逐帧播放"精确定位。

③ 在监视器窗口中右击，在弹出的快捷菜单中选择"将选择区放入项目管理器"命令，将选取的片断放到"剪辑"选项卡的"视频"页窗口中备用［见图 B-14（a）］。也可以选择"将选择区放入时间轴"命令直接使用［见图 B-14（b）］。

图 B-14

（5）视频的进一步剪裁（又称"细剪"）

"细剪"应当在将"粗剪"的视频片断拖动到"时间轴"内的"视频轨道"中实现，其操作步骤如下：

① 将"粗剪"后的视频拖动到"视频轨道"中［见图 B-14（b）］。

② 定位中间要去掉的片断的起点（见图 B-15），再单击右侧的"切分片断"按钮 将视频切分成两个片断（见图 B-16）。

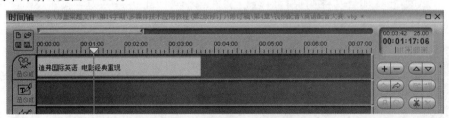

图 B-15

图 B-16

③ 用相同的方法定位并切分要去掉的片断的终点［见图 B-17(a)］，单击要去掉的中间部分，按【Delete】键删除中间的片断［见图 B-17（b）］。

（a） （b）

图 B-17

当然，也可以不必经过"粗剪"而直接将视频拖动到"视频轨道"中剪裁。可以单击"放大（＋）"和"缩小（－）"按钮使剪裁便于操作。

（6）运用转场特效

"转场"是将相邻两个片断的交叠部分经过特效处理而形成的连接方式。通常，转场用于连接两个视频片断，实现一个片断自然生动地过渡到另一个片断，从而使影片保持视觉的连贯性，并能为影片增加丰富的艺术效果。其操作步骤如下：

① 将右方的片断向左拖动使其紧靠左方的片断［见图 B-18（a）］。

图 B-18

② 在"项目管理器"中的"效果"选项卡选择转场特效［默认为 2D，见图 B-19（a）］中的适合剧情需要的特效［单击特效会演示转场效果，此例选择"滑动而出"，见图 B-19（b）］，将其拖到两个片断的衔接处，即完成了转场特效的添加。想看到其示意图还需要单击右侧的"放大（＋）"按钮才可以看到图 B-18（b）所示的添加转场特效的示样，可以拖动转场区域的左右边框改变转场的时间长度。

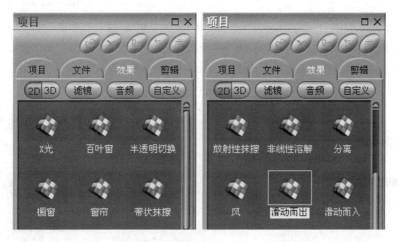

图 B-19

删除转场的方法是，右击转场处，在弹出的快捷菜单中选择"删除"命令，如果想把视频中的所有转场一并删除，可以在视频轨道左端示意图处右击，在弹出的快捷菜单中选择"删除全部转场"命令。

（7）录制自己的道白

使用第 3 章讲过的 Adobe Audition 3.0 或其他录音软件，跟随画面提示及口形录制自己的道白，如果道白较多，可以分段录制以方便使用，录完后运用第 3 章所学技能做必要的处理并保存在专用文件夹中的"配音"文件夹中备用。

（8）使原视频的伴音静音

由于视频伴音中的背景声与道白一般是混合在一起的，想用自己的道白替换原道白必须先将视频伴音静音，方法是，在视频轨道上右击，在弹出的快捷菜单中选择"音频"→"静音"命令，静音后的视频轨道如图 B-20 所示，可以看到"打叉"的小喇叭。

图 B-20

（9）导入背景声与道白

① 在"音乐轨道"上右击，在弹出的快捷菜单中选择"导入"命令，将前面采集的背景声或音乐导入到"音乐轨道"中（见图 B-21）。

图 B-21

如果背景声的长度不合适，可以在音乐轨道中采用与剪裁视频相同的方法剪裁、删除等操作。如果单纯是改变长短，则可以拖动"音块"左右边框改变（如果已经是完整的背景声，则只能变短）。

如果背景声的音量不合适，可以在所需改变音量的音块上右击，在弹出的快捷菜单中选择"音频"→"音量控制"命令［见图 B-22（a）］，在弹出的"音量控制"面板中进行调整［见图 B-22（b）、（c）］。

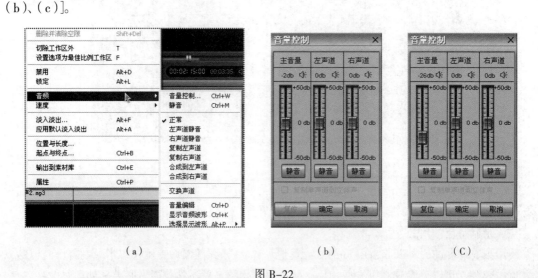

| （a） | （b） | （C） |

图 B-22

② 在"声音轨道"上右击，在弹出的快捷菜单中选择"导入"命令，将录制好的道白导入

到"声音轨道"中（见图 B-23）。

图 B-23

③ 根据画面及口形将道白与画面"对位"（见图 B-24）。

图 B-24

背景声和道白也可以在"项目管理器"的"文件"选项卡的"音频"选项卡中右击导入，然后拖动到"声音轨道"及"音乐轨道"中。

（10）添加片头片尾

如果使用的视频片断没有类似片头、片尾之类的字幕，可以自行添加，步骤如下：

① 单击"工具条"中的"字幕编辑器"按钮 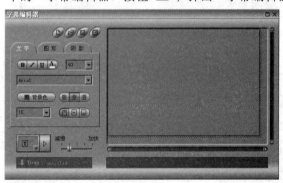，弹出"字幕编辑器"面板（见图 B-25）。

图 B-25

② 根据实际需要，完成文本输入、背景色、字体、文字颜色、对齐方式、运动快慢等设置（见图 B-26）。需注意的是，在设置"文字颜色"和"运动效果"时，需要按住相应按钮不放，再在展开的选项中选择。

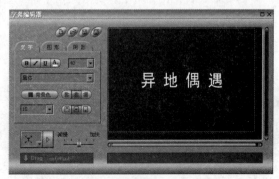

图 B-26

自行尝试"图形"和"阴影"选项卡中的相应功能。

③ 将编辑好的字幕保存到专用文件夹"视频配音"中的"字幕"文件夹中［见图 B-27（a）］，系统会自动在"项目管理器"的"文件"选项卡下的"字幕"选项卡中显示该片头字幕，相当于将字幕文件自动导入到该选项卡中［见图 B-27（b）］。

（a）　　　　　　　　　　　　　　　　　（b）

图 B-27

④ 将"字幕编辑器"中的 [Drag: 片头 wbt] 拖到时间轴上的字幕轨上（见图 B-28），也可以从"项目管理器"中将字幕文件拖动到时间轴的"字幕轨道"上，还可以在"字幕轨道"上右击，在弹出的快捷菜单中选择"导入"命令。

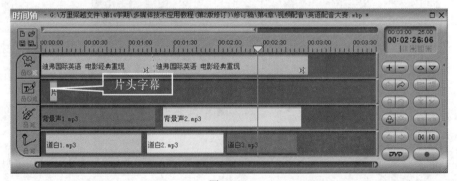

图 B-28

⑤ 通过拖动，调整片头的位置及长度，如果不想要画面与字幕一直以叠加的方式出现的效果，可以将"字幕轨道"之外的三个轨道中的内容统一右移，统一右移的目的是在留出字幕间隙的同时还能保持原来已经调整好的"音画对位"不变，方法是按住【Ctrl】键逐一选中后一并向右拖动（见图 B-29）。

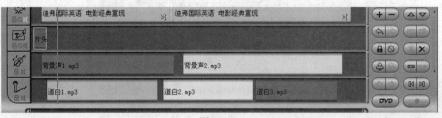

图 B-29

如果感觉字幕不合适，可以双击它打开"字幕编辑器"进行修改。

⑥ 用同样的方法制作片尾字幕。

（11）视频渲染

完成上述内容后，浏览一下整体效果（尤其是各段的衔接之处），对不满意的地方做进一步的修改，就可以通过编辑好的项目输出一个新的视频文件（渲染视频）了。

用时间轴右方面板中"输出"按钮的导出方法如下：

① 单击"输出"按钮 ，弹出"另存为"对话框 [见图 B-30（a）]，可从"保存类型"下拉列表中选择不同的格式。NTSC 和 PAL 是两种电视标准，美国、日本等国家采用 NTSC 制，中国、德国等采用 PAL 制。如果想用来刻录我国使用的 VCD 或 DVD 电视节目，应当选择相应的 PAL 制。单击"保存"按钮会弹出图 B-30（b）所示的"输出"面板。

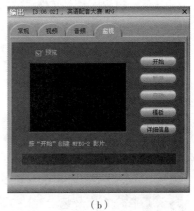

（a）　　　　　　　　　　　　　　（b）

图 B-30

② 单击"输出"面板中的"开始"按钮，开始渲染视频 [见图 B-31（a）]，完成渲染后如图 B-31（b）所示。

（a）　　　　　　　　　　　　　　（b）

图 B-31

③ 如果想中途停止，可单击"终止"按钮，会弹出"电影魔方消息"对话框（见图 B-32），提示是否删除已生成的部分，可根据需要选择。

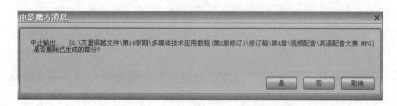

图 B-32

如果做了进一步修改后想重新渲染，也可以单击工具条上的"输出"按钮 。系统将不弹出"另存为"对话框，覆盖上一次保存的视频。

**4. 几点说明**

（1）渲染完毕后"视频配音"文件夹中的内容如图 B-33 所示，所涉及的文件存放在相应的文件夹中，"英语配音大赛.MPG"为渲染成的作品文件。

图 B-33

（2）如果在制作过程中移动了专用文件夹"视频配音"的位置，或者是把"视频配音"文件夹随便复制到别的计算机上的某一位置，再打开项目文件"英语配音大赛.wbp"时会出现图 B-34 所示的系统找不到所用文件的情况（出现打"×"的提示）。

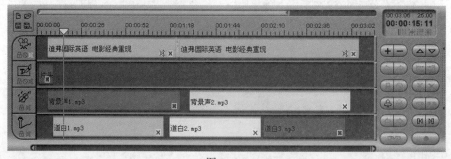

图 B-34

为避免这种情况发生，在复制到另一台计算机上时，要保证"专用文件夹"所在的位置与上一台计算机一致，如果中间缺少了一些文件夹，则可按原路径创建。如果一开始便能预料到会换计算机演示、制作，那么动手制作时就该把这个"视频配音"文件夹创建到前面某个分区的根目录中（如 D 盘，不要创建在后面的分区中，以避免换计算机的分区数量不及原计算机多）。当然，最好只在一台计算机上完成整个制作过程，而且在整个制作过程中不改变文件夹的存放位置。

（3）上述渲染采用了软件的默认设置，读者如对输出有特殊需要，可自行尝试视频、音频等输出的进一步设置（见图 B-35）。

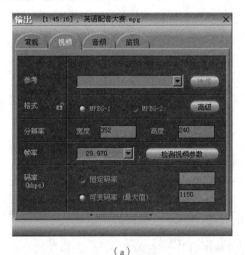
（a）

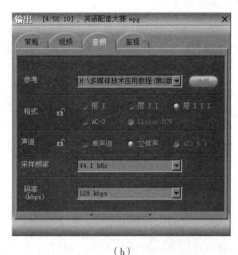
（b）

图 B-35

在"输出"面板中选择"视频"选项卡，面板呈现图 B-35（a）所示的样式。视频设置面板中各项参数的含义如下：

参考：以项目中已有的一个素材为参考，设置输出影片的所有视频编码参数。

格式：有 MPEG-1 与 MPEG-2 两种 MPEG 视频编码标准可供选择。为了使视频文件能够被"Windows Media Player"播放器播放，应设为 MPEG-1 编码标准。

分辨率：设置输出影片的分辨率，即指定影片画面的高度和宽度（以像素为单位）。

帧率：选择视频播放的帧率。

比特率：设置视频编码的比特率，比特率以"千比特/秒"为单位。可以选择恒定比特率或可变比特率。注意，当选择可变比特率时，其参数值实际上只是影片编码所能达到的峰值，而整部影片的平均比特率一般是峰值的 60%~75%。

相对于视频编码，音频编码需要设置的参数较少。在"输出"面板中选择"音频"选项卡，面板呈现图 B-35（b）所示的样式。

与视频设置相似，"参考"即是以项目中已存在的一个音频素材为参照，设置输出影片的所有音频编码参数。与视频设置不同，在音频设置里，不能任意设定其比特率，而只能从列表中选择一个标准值。

### 三、实例制作 2——以图片为素材的广告短片

该实例的目的是学习如何以图片为素材制作广告短片，由于许多操作与上一实例相同，故这里只对其制作流程及方法做简要介绍，并讲一下另外一种输出格式（MP4）的渲染设置。

#### 1．素材采集

与上例相同，也应建立一个专用文件夹（如"广告短片"），其内包含"图片""背景音乐""字幕"等下级文件夹，用以保存相关文件。根据需要下载相关图片、背景音乐，并保存在相应的文件夹中。为了便于讲解，这里使用编者拍摄的一组照片为例，以图片欣赏的形式介绍制作方法，真正意义上的"广告短片"是需要有很好创意及良好的素材组织的。

#### 2．素材处理

根据作品需要对图片做必要的调整（大小、色彩等），如果想有一张好的片头图片，还需要进行图像合成。

#### 3．作品制作

作品制作涉及的相关操作有：图片导入、时长设置、特效、字幕、项目文件保存、视频文件的渲染等。

（1）导入图片

确认选择的是"项目管理器"下的"文件"选项卡中的"图像"选项卡，空白处右击，在弹出的快捷菜单中选择"导入"命令，将图片导入到"项目管理器"中（如果想把全部图片一次导入，可以先按【Ctrl+A】快捷键操作后再单击"打开"按钮）。

（2）将图片拖入"时间轴"

按照顺序需要分别将图片拖动到时间轴中的"视频轨道"中（见图 B-36），每张图片对应一个"图像块"，其长度越长，播放时停顿的时间也就越长，此时"输出监视器"会显示第一张图片的画面。

图 B-36

如果图片用量较少，视频轨道上的"图片块"要显得拥挤，可以单击右侧的"放大（+）"按钮将"图像块"散开以便于操作（见图 B-37）。

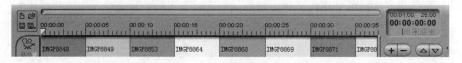

图 B-37

系统默认每张图片的播放时间是 5s，可以通过单击工具条中的"工具"按钮→"设置"，在"选项设置"中的"时间轴"选项卡中对"图像长度"进行修改（见图 B-38），修改后再拖入图片的播放时间便是修改后的每张 6s 了。能够看出，此选项卡内也可以进行"字幕长度""转场长度"等设置，单击"恢复默认"按钮可恢复到默认设置。

一般来讲，景别大的图像播放时间应略长一些，可以拖动"图像块"左右边界进行延长和缩短。"字幕长度"和"转场长度"均可通过拖动的方式更改。

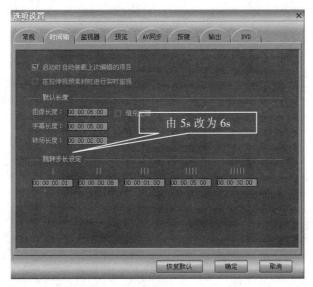

图 B-38

（3）保存项目文件

建议一开始就保存项目文件，制作过程中也该经常保存，以防断电或死机造成前期工作的损失，一次做不完，下次再做时必须要保存项目文件的。该项目以"桂林银子岩"为名保存在专用文件夹"广告短片"中。完成保存后，时间轴的标题栏显示保存路径。

（4）运用转场特效

方法同前，不再赘述。

（5）添加字幕

方法同前，不再赘述。

（6）导入背景音乐

导入方法同前，此处对背景音乐的设置做进一步的介绍。

在时间轴上有两个音频轨道（"音乐轨道"和"声音轨道"），可以把所需的背景音乐添加到这两个轨道中的任意一个中，如果画面内容需要更换背景音乐；一是可以利用第 2 章讲过的音频编辑软件处理好后导入，也可以把两段背景音乐按播放顺序拖到一个轨道或分别拖动到两个轨道中做进一步的处理，所有的音乐编辑和语音剪辑操作均在轨道上进行，而且音频片断与视频和图像片断一样可以在时间轴上移动、修剪和编辑。至此，时间轴上的各元素内容如图 B-39 所示。

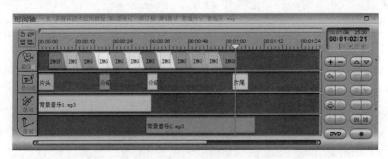

图 B-39

（7）音量编辑

① 在音频片断上右击，在弹出的快捷菜单中选择"音频"→"音量编辑"命令，在片断中部会出现一条红色的音量编辑线（见图 B-40）。

图 B-40

② 双击音量线某处，出现一个黑色的音量编辑点。

③ 用鼠标左键拖动编辑点即可调整音量，同时音量线会随之曲折。如果音量点在黑色水平线上方，音量增大；如果音量点在黑色水平线下方，音量减小（见图 B-41）。

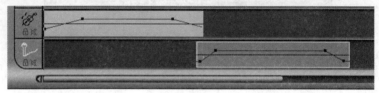

图 B-41

④ 选中一个编辑点并右击，在弹出的快捷菜单中选择"删除当前点"命令即可删除这个编辑点；如果从快捷菜单中选择"删除所有点"命令即可删除所有编辑点。

⑤ 完成编辑后，可从快捷菜单中选择"退出音量编辑"命令。

（8）音量整体调节

① 退出音量编辑后，在视频片断或音频片断上右击，在弹出的快捷菜单中选择"音频"→"音量控制"命令，将会弹出"音量控制"面板［见图 B-22（b）］。

② 在面板中上、下移动每个声道上的滑块可调整主声道、左声道或右声道音量。

③ 单击"静音"按钮 静音 可使每个声道或整个片断静音。

需要注意的是，声音效果应通过"输出"监视器试听，通过"输入"监视器听到的是未加处理之前的效果。

（9）设置声音的淡入淡出效果

有时需要在影片开场的时候，声音渐渐淡入。在影片结束的时候，声音渐渐淡出。使用"电影魔方"可以方便地对音频片断设置淡入淡出效果。

① 在视频片断或音频片断上右击，在弹出的快捷菜单中选择"音频"→"淡入淡出"命令，将会弹出"片断淡入淡出"对话框（见图 B-42）。

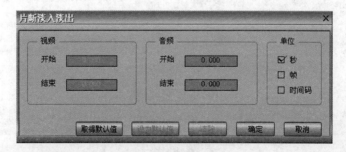

图 B-42

② 为淡入淡出输入时间长度值，可以用三种格式输入时间值：时间码、帧、秒。由于是对音频做淡入淡出设置，故"视频"组合框内灰显（不可用）。

事实上，按图 B-41 所示做了音量编辑后，就具有淡入/淡出效果，而且两段背景声音的切换属于 X 型（即在前一段音乐逐渐"淡出"的过程中后一段音乐逐渐"淡入"，如果是 V 型切换则是前一段音乐完全消失后，后一段音乐再逐渐显现出来）。

（10）输出影片

使用 DVD5.0 版本提供了 MP4 格式的输出功能，可以在"保存类型"下拉列表中选择（见图 B-43）。单击"保存"按钮，会弹出图 B-44 所示的对话框。

图 B-43

图 B-44

单击"视频"选项卡，可以对分辨率等进行设置，建议分辨率选择最大画幅（640×480），如果在"输出格式"中选择 MP4，则会有其他高清画幅可供选择（新版本的"电影魔方"），如图 B-45 所示。

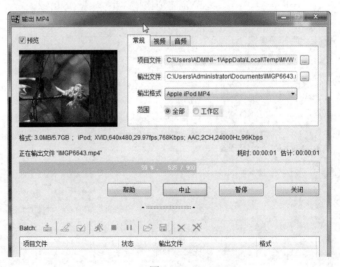

图 B-45

单击"开始"按钮，开始视频渲染（见图 B-46）。

图 B-46

如有特殊需要（如改变画幅等），可在"视频"及"音频"选项卡中做进一步的设置，读者自行尝试。

# 附录 C

## Windows 10 环境下 Adobe Audition3.0 的设置

Adobe Audition 3.0 在 Windows7 操作系统下能正常运行，但当下好多计算机预装的是 Windows10 操作系统，在 Windows10 操作系统下，安装完 Adobe Audition 3.0 后，启动时会弹出图 C-1 和图 C-2 所示的提示，提示找不到两个动态链接库文件 MSVCP71.dll 和 MSVCR71.dll 。

图 C-1

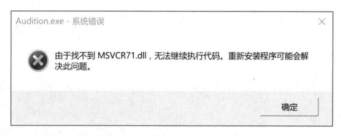

图 C-2

编者的解决方法如下：

### 1. 确认所用计算机操作系统的位数

本机操作系统是 64 位的还是 32 位的，一是两个文件不同，二是复制位置也不同。方法是在计算机上右击，在弹出的快捷菜单中选择"属性"命令，在弹出的提示窗口中可以看到所用计算机操作系统的位数。

### 2. 搜到这两个文件的下载网页

分别在搜索引擎（此处仍以百度为例）的搜索栏中输入 MSVCP71.dll 和 MSVCR71.dll，找到与本机操作系统位数相同的搜索结果（见图 C-3）。

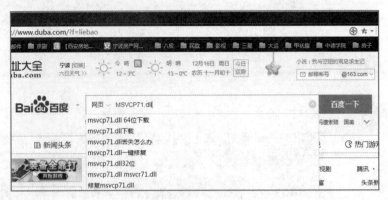

图 C-3

打开相应网页将两个一般是捆绑了游戏或广告的可执行文件（ msvcp71.dll.exe 和 msvcr71.dll.exe ）下载下来。

### 3. 将两个动态链接库文件复制到指定位置

运行包含有这两个动态链接库文件的可执行文件，运行后找到两个动态链接库文件，复制到指定位置。

对于 64 位操作系统复制到 C:/Windows/SysWOW64 文件夹中，如果是 32 位操作系统，则应复制到 C:/Windows/System32 文件夹中。

编者是直接将这两个文件发给学生，并告知其复制位置。